UNSERE
EINZIGARTIGE

VOGELWELT

»Wenn die Nachtigall verstummt,
geht ganz Deutschland schwer vermummt.«

UDO LINDENBERG

Dieses Buch ist all denjenigen gewidmet, die dafür kämpfen, dass auch künftig Lerchen über unseren Feldern jubilieren und nicht durch Raubbau in einer Land-Zerwirtschaftung und Massentierhaltung immer noch billigere Geflügel-Biomasse auf unseren Tellern landet.

PETER BERTHOLD

UNSERE EINZIGARTIGE VOGELWELT

DIE VIELFALT DER ARTEN UND WARUM SIE IN GEFAHR IST

MIT FOTOGRAFIEN VON KONRAD WOTHE

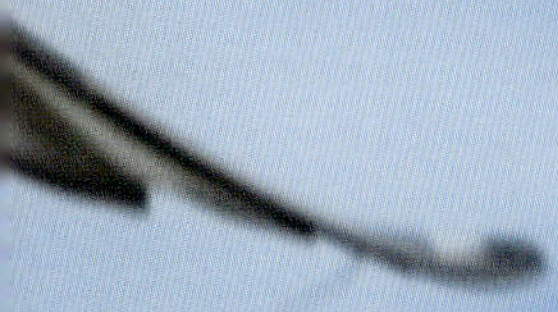

FREDERKING & THALER

INHALT

FASZINIEREND UND BEDROHT

Unsere Vogelwelt – ein kritisches Bilderbuch

Vögel – unsere mit Abstand beliebtesten Mitlebewesen auf der Erde (Berthold 2017) sind vor allem eine Augenweide. Sie verzücken viele von uns jedes Jahr aufs Neue mit ihren prächtigen Farben, verblüffenden Zeichnungen, auch bizarren Formen – man denke etwa an Pelikane, Hammerköpfe oder Trappen in Balzstellung – und natürlich durch anmutige Bewegungen, vor allem in der Luft. Und da wir Menschen in erster Linie Augentiere sind, informieren sich viele Vogelliebhaber weit mehr anhand schöner Bilder über ihre gefiederten Freunde als durch noch so inhaltsreiche und ansprechende Texte. Das gilt durchaus auch für von mir verfasste Textbücher und selbst Ratgeber. Nicht selten erlebe ich, dass mich Leser ganz begeistert auf »faszinierende« Werke von mir ansprechen, aber dann merke ich dennoch bald, dass sie ganze Passagen gar nicht oder zumindest nicht sorgfältig gelesen haben. Deshalb bin ich dem Vorschlag des Verlages gern gefolgt, nach meinen verschiedenen Textbüchern über den Zustand und die Nöte unserer Vogelwelt und mögliche Hilfsmaßnahmen auch bei der textlichen Ausstattung eines sehr ansprechenden Bildbandes behilflich zu sein. »Unsere Vogelwelt« wird in einem umfassenden und repräsentativen Bilderreigen hervorragender Fotos von etwa der Hälfte der in Deutschland brütenden Vogelarten ganz sicher viele Vogelfreunde begeistern und sie in knappen Texten auf die starke Bedrohung der noch großen Artenvielfalt hinweisen – und hoffentlich auch vielerlei Aktivitäten zu ihrem Schutz bewirken.

> »Das Zwitschern des Vogels weckt den Menschen aus seiner Gleichgültigkeit.«
>
> KHALIL GIBRAN

Während in ganz Deutschland etwa 20 000 Brutpaare **Haubentaucher** (S. 4/5) leben, gibt es nur 4 000 Paare **Küstenseeschwalben** (S. 2/3) aber 100 000 **Schwanzmeisen**-Paare (S. 7).

DIE SCHWINDSUCHT DER ARTEN UND BESTÄNDE

Ein Überblick

Auf unserer Erde leben derzeit rund 10 000 verschiedene Vogelarten, wovon in Europa etwa 500 brüten, in Deutschland gut die Hälfte davon. Dieser Anteil von circa zweieinhalb Prozent in unserem Land mag bescheiden erscheinen, dennoch ist die deutsche Vogelwelt reich und vielgestaltig. Von den insgesamt 50 von der Wissenschaft als Ordnungen bezeichneten systematischen Gruppen wie z.B. den Trappen, Kranichvögeln, Papageien oder Sperlingsvögeln brüten in Deutschland Vertreter von etwa der Hälfte davon. Der Grund dafür ist, dass unser Land trotz seiner relativ geringen Größe von den Meeresküsten im Norden über Mittelgebirge und Tiefebenen, Wald- und Offenland und vielerlei Binnengewässer bis zum Hochgebirge der Alpen im Süden eine Vielzahl unterschiedlicher Lebensräume für verschiedenste Vogelarten aufweist.

Leider ist es um die großartige Vielfalt unserer allerliebsten Mitlebewesen inzwischen wie überall auf der Welt schlecht bestellt. Zunächst haben die Vögel unter vielerlei Einwirkungen des Menschen seit etwa 1800 sukzessive in ihren Beständen abgenommen. Über Rückgänge ist aber bereits um Mitte des 19. Jahrhunderts vor allem für Arten berichtet worden, die seinerzeit in großem Stil verspeist wurden wie Rebhühner, Wachteln, aber auch Lerchen, Meisen und andere Singvögel. Bis in die 1950er und 1960er Jahre haben die Abnahmen viele Arten erfasst und unseren Vogelbestand insgesamt um etwa 15 Prozent reduziert. Danach setzte ein, was kaum jemand zu prognostizieren gewagt hätte: sturzbachartiger Rückgang oder eine »galoppierende Schwindsucht« bei vielen Arten, sodass wir inzwischen rund 80 Prozent der einst um 1800 in Deutschland vorgekommenen Individuen verloren haben. Oder anders formuliert: Von den ehemals rund 300 Millionen Vogelbrutpaaren, die Deutschland noch zu Beginn des 19. Jahrhunderts bewohnt haben, sind nur etwa 60 Millionen Paare übrig geblieben. Und damit noch nicht genug: Auch der verbliebene Rest von 20 Prozent der einstigen Vogelfülle ist nicht etwa stabil, sondern nimmt weiter ab – Jahr für Jahr. Dabei sind die Vögel noch nicht einmal an der Spitze der Verlierer – unsere Insekten wie Wildbienen, Käfer und Falter haben einen absturzähnlichen Rückgang um rund 80 Prozent in nur 30 Jahren geschafft. Gottlob sind nicht alle unsere Vögel gleichermaßen vom Rückgang betroffen, und es gibt nicht nur in ihrer Abnahme große Unterschiede, sondern sogar auch positive Entwicklungen wie das Einwandern neuer Arten infolge der Klimaerwärmung oder das Wiederanwachsen stark reduzierter Bestände bedingt durch besondere Schutzmaßnahmen.

Wenn wir uns mit Ursachen des Vogelsterbens befassen wollen und vor allem auch mit Möglichkeiten, verbliebene Restbestände unserer Vogelwelt zu erhalten oder sogar wieder zu vermehren, dann müssen wir die einzelnen Arten und ihre Schicksale näher betrachten. Dazu der folgende Überblick.

2005 haben die Ornithologen Peter H. Barthel und Andreas J. Helbig eine offizielle »Liste der Vögel Deutschlands« zusammengestellt. Danach haben in unserem Land seit 1800 285 Vogelarten gebrütet. Davon sind die 268 Arten wichtig, die das regelmäßig tun und somit unsere Brutvogelbestände ausmachen. Leider sind davon elf Arten oder vier Prozent als Brutvögel in Deutschland bereits ausgestorben, nämlich Schlangenadler, Zwergtrappe, Zwergschnepfe, Doppelschnepfe, Bruchwasserläufer, Papageitaucher, Blauracke, Schwarzstirnwürger, Steinsperling sowie Steinhuhn und Triel. Dazu mehr im nächsten Kapitel.

Von den 258 bei uns noch brütenden Arten haben seit 1800 oder auch erst in den letzten Jahrzehnten 141 oder 55 Prozent im Bestand abgenommen, 44 Arten oder 17 Prozent sind in Häufigkeit und Verbreitung etwa gleich geblieben, und 73 Arten oder 28 Prozent weisen eine Bestandszunahme auf. Nach der neuesten Roten Liste von 2015 war die Abnahme der im Bestand zurückgehenden Arten bei 20 davon besonders stark – sie betrug nämlich allein in den 25 Jahren von 1985 bis 2009 mehr als 50 Prozent. Darunter sind solche, die inzwischen bis an den Rand des Aussterbens gelangt sind – sie werden im übernächsten Kapitel behandelt. Ihnen folgen nicht weniger als 36 weitere Arten, die in den genannten 25 Jahren um mehr als 20 Prozent im Bestand abgenommen haben. Darunter sind sogar ehemalige »Allerweltsarten« wie Lerchen und Schwalben und selbst solche, die noch bis vor wenigen Jahrzehnten als sogenannte »Schädlinge« verfolgt wurden und teils für jedermann vogelfrei waren wie Stare respektive Haus- und Feldsperlinge. Ihnen ist ein weiteres Kapitel gewidmet.

Bleiben die Gruppen von Arten mit derzeit einigermaßen stabilen oder sogar zunehmenden Beständen. Es ist zweifellos erstaunlich, dass es in unserer heutigen ganz offensichtlich vogelfeindlichen Zeit immerhin gut ein Viertel der Vogelarten zumindest bis jetzt schafft, seine Bestände nicht nur stabil zu halten, sondern sogar noch zu vermehren. Diesen »Überlebenskünstlern« und ihren Strategien werden wir uns im vorletzten Kapitel zuwenden.

Bevor wir uns mit weiteren Fragen beschäftigen, noch ein paar Worte zur »Roten

Liste der Brutvögel Deutschlands«. Sie führt in der neuesten Fassung (Grüneberg et al. 2015) nicht weniger als 310 Arten auf, was zunächst verwundern mag. Allerdings werden für die Darstellung der Gefährdung nur 248 heimische Arten herangezogen, die zwischen 2005 und 2009 regelmäßig bei uns gebrütet haben, was den oben genannten 258 Arten nach Barthel & Helbig ziemlich genau entspricht. Die hohe Zahl der Roten Liste geht vor allem auf viele Neozoen (»Neubürger«) zurück, die von Amazonen (etwa 10 Brutpaare, BP) über Nandus (auch ca. 10 BP) bis zu Zebrafinken (2 BP) reichen. Weiterhin mag überraschen, dass nur 118 Arten (45 Prozent) als gefährdet eingestuft werden. Das hängt mit der »Trägheit« der Liste zusammen, die ja nur den Zeitraum bis 2009 berücksichtigt und mit der oft hinterherhinkenden Datenlage.

Geht man die Liste der 125 als ungefährdet bezeichneten Arten durch, ist man nicht wenig erstaunt, dort an die 30 Arten zu finden, deren Bestände partiell erheblich schrumpfen, die selbst in größeren Gebieten völlig oder weitgehend verschwunden sind und um die man sich inzwischen wirklich Sorgen machen muss wie etwa Schwarzhalstaucher, Lachmöwe, Mauersegler, Neuntöter, Wald-, Berglaubsänger, Fitis, Gelbspötter, Klappergrasmücke und Ringdrossel. Etliche dieser Arten sind aus ganzen Landstrichen verschwunden, und ihre angebliche »Nichtgefährdung« mutet schon als zynisch an. Übertragen auf uns käme dem etwa gleich, als würde man trotz Wegfalls ganzer Dörfer und Kleinstädte konstatieren »Die Bevölkerung ist nicht gefährdet«. Zählt man übrigens diese knapp 30 Arten zu den 118 gefährdeten hinzu, kommt man auf rund 55 Prozent abnehmende und bedrohte Arten, was dem oben genannten Wert sehr genau entspricht.

Für viele Vogel- und Naturfreunde stellen sich natürlich die Fragen: Welche Position nehmen wir mit dem derzeitigen Schwund an Vögeln und Artenvielfalt allgemein in Deutschland ein – ist es bei uns besonders schlimm oder eher normal, und was wird eigentlich dagegen unternommen, und was kann man überhaupt erreichen?

Bei den **Fischadlern** ist dank wichtiger Schutzmaßnahmen wieder ein Zuwachs an Brutpaaren zu verzeichnen.

Zur Situation in Deutschland: Betrachten wir den Schwund an Biodiversität weltweit, dann liegen wir mit unserem Land in einem Gebiet (der Paläarktis) mit überdurchschnittlich starkem Artenrückgang, deutlich vor der nearktischen, afro- und neotropischen Region, wenn auch hinter den weltweit stärksten Rückgängen in Ozeanien und Australasien. Und in Europa steht an der Spitze der negativen Entwicklung Luxemburg, gefolgt von Belgien, Deutschland und der Schweiz (Berthold 2017).

Um die Vielzahl an Gegenmaßnahmen zu Papier zu bringen, also sie aufzulisten, müssten ganze Wälder abgeholzt werden. Allein ich habe in einer Reihe von Büchern und zahlreichen Originalarbeiten hunderte Seiten darüber geschrieben. Es sind bei uns wie in anderen Ländern abertausende von Maßnahmen ergriffen worden – vom »Reichsgesetz zum Schutze von Vögeln« von 1888 bis zu jüngsten Verordnungen der EU sowie des Bundes und der Länder. Aber sie waren allesamt immer zu lasch, halbherzig, stets nach dem Feuerwehrprinzip arbeitend: Löschen, wo's brennt, aber nie wirklich vorausschauend wirkungsvoll. So werden – kein Wunder – die Roten Listen bedrohter Arten jedes Jahr ein Stückchen länger, und diese Bedrohung stellt nun auch unser zukünftiges Überleben immer mehr infrage (Berthold 2017). Was wir – jeder von uns – vielleicht doch noch zur Rettung der Artenvielfalt tun können, wird im letzten Kapitel skizziert.

»AUS« GEFLOGEN

IN DEUTSCHLAND BEREITS AUSGESTORBENE ARTEN

Blauracke • Bruchwasserläufer • Doppelschnepfe • Gänsegeier • Mornellregenpfeifer • Papageitaucher • Rosenseeschwalbe • Rothuhn • Schlangenadler • Steinsperling • Triel • Waldrapp • Zwergschnepfe • Zwergtrappe

Der Blauracke ist nur eine der in Deutschland bereits ausgestorbenen Vogelarten. Mit seinem Verlust ist unserem Land ein Stückchen Farbe verlorengegangen.

»AUS«GEFLOGEN

In Deutschland bereits ausgestorbene Arten

In der eingangs genannten Liste der Vögel Deutschlands sind elf Arten oder vier Prozent unserer Brutvögel als bereits ausgestorben aufgeführt, und nach der ebenfalls genannten neuesten Roten Liste kommen noch fünf weitere hinzu – Gänsegeier, Mornellregenpfeifer, Rosenseeschwalbe, Rothuhn und Waldrapp. Letztere sind schon gegen 1700 bei uns verschwunden oder haben nur unregelmäßig gebrütet. Von diesen 16 Arten werden in den folgenden Bildern 14 näher vorgestellt.

Ausgestorben bedeutet bei den hier genannten Arten, dass sie in Deutschland als Brutvögel verschwunden sind, aber zum Glück in Regionen der Nachbarländer noch vorkommen. Von dort her können sogar vereinzelte Bruten bei uns wieder »aufflackern« (Bruchwasserläufer, Steinhuhn, Triel). Nur der

Zwergschnepfe Diese kleinste der bekassinenartigen Schnepfen (Bekassine siehe unten) ist ein Brutvogel im nördlichen Eurasien, brütet im nordeuropäischen Bereich mit rund 20 000 Paaren und taucht bei uns regelmäßig als Durchzügler und Wintergast auf. Bis Ende des 19. Jahrhunderts hat sie wohl vereinzelt und unregelmäßig in Moorgebieten der Norddeutschen Tiefebene gebrütet, sodass sie in der Roten Liste als in Deutschland ausgestorbener Brutvogel geführt wird.

Rosenseeschwalbe Diese wunderschöne Seeschwalbe, die zur Brutzeit an der weißen Unterseite einen rosa (rosenfarbenen) Anflug aufweist, hat ein zersplittertes Brutareal in Küstengebieten nahezu aller Kontinente, wobei in Europa knapp 2000 Paare brüten, vor allem auf kleinen Felsinseln in geschützten Meeresbuchten. Die weit umherstreifende Art hat dabei auch immer wieder im norddeutschen Küstenbereich gebrütet, letztmals 2000 in einer Mischbrut mit einer Flussseeschwalbe.

Waldrapp ist überall so stark zurückgedrängt worden, dass er insgesamt kurz vor dem Aussterben steht. Vielleicht kann ihn ein Wiederansiedlungsprojekt retten, das derzeit in zwei Gebieten Süddeutschlands Fortschritte macht.

Für das Aussterben aller 16 hier genannten Arten sind menschliche Einflüsse die Hauptursache. Die meisten waren einst in unserem Land weit verbreitet, einige nur regional (Gänsegeier, Steinhuhn) oder punktuell (Papageitaucher: Helgoland). Fast alle haben in erster Linie unter Lebensraumverlust (Trockenlegung von Feuchtgebieten, Torfabbau, Erschließung von Ödland u. a.) gelitten, vielfach auch unter direkter Verfolgung (als »Raubzeug« oder zu Speisezwecken), sowie durch Nahrungsmangel und auch Klimaveränderungen (zeitweise stärkerer atlantischer Einfluss). Bei einigen Arten besteht Aussicht für eine Wiederansiedlung als Brutvogel im Zuge der globalen Klimaerwärmung und als Ergebnis von Hilfsmaßnahmen.

^>>Waldrapp Diesen im Mittelalter in Europa und Nachbargebieten weitverbreiteten Vogel wusste man früher nicht recht einzuordnen und nannte ihn Waldrabe; er ist jedoch zusammen mit dem bei uns gelegentlich auftauchenden Sichler ein Vertreter der Familie der Ibisse. Inzwischen gehört er mit insgesamt nur noch etwa 150 wild lebenden Paaren (in Marokko) zu den weltweit am stärksten gefährdeten Vogelarten. Im 16. Jahrhundert hat er noch in Süddeutschland gebrütet, wurde dann wohl »aufgespeist« und wird nun in einem spektakulären Projekt am Bodensee wieder angesiedelt.

Bruchwasserläufer Zwar ist das typische *giff, giff, giff* dieses mittelgroßen Watvogels bei uns noch alljährlich vielerorts zu hören, aber seine ehemals weit verbreiteten Brutvorkommen im Norddeutschen Tiefland sind alle erloschen – vor allem durch Biotopverluste. Zum Glück beherbergen seine nordöstlichen Brutgebiete, die bis Ostsibirien reichen, allein in Europa noch mehrere hunderttausend Brutpaare, sodass uns die Art auf dem Durchzug noch lange erfreuen wird.

> **Doppelschnepfe** Ihr eigenartiger Name bedeutet so viel wie »doppelte Bekassine«, obwohl sie gar nicht viel größer als diese und kleiner als die Waldschnepfe ist. Einst im Tiefland weit verbreitet, sind ihre Brutvorkommen in Deutschland wohl schon in den 1930er Jahren infolge von Biotopverlusten erloschen. Heute sind Einzelbeobachtungen auf dem Durchzug bei uns ornithologische Leckerbissen. In Sumpfgebieten in Polen kann man sie noch gut von Beobachtungstürmen aus bei der Gruppenbalz beobachten.

Gänsegeier Dieser majestätische Geier, der mit seinem mit weißen Dunen bedeckten Kopf und Hals etwas an eine Gans erinnert, hat – wie Knochenfunde von Jungvögeln in ehemaligen Bruthöhlen der Schwäbischen Alb belegen – im Mittelalter bei uns gebrütet. Nahrungsgrundlage war damals wohl die umfangreiche Schafhaltung. In letzter Zeit häufige Einflüge aus dem Mittelmeerraum im Zuge der Klimaerwärmung lassen durchaus auf eine Wiederansiedlung hoffen, die mit Futterplätzen zur Anlockung vorbereitet wird.

>> **Schlangenadler** Dieser mittelgroße Adler, den wir heute am ehesten im Mittelmeerraum beobachten können und der sich unter anderem von Schlangen und Eidechsen ernährt, war – wenn auch in geringer Dichte – bis ins 19. Jahrhundert auch bei uns nahezu im ganzen Land regelmäßiger Brutvogel. Vielerlei Ursachen wie Biotopverluste durch Aufforstungen, Nahrungsmangel durch Vernichtung von Reptilien und auch direkte Verfolgung (als Raubzeug) haben ihm den Garaus gemacht.

Blauracke Einer der farbenprächtigsten Vögel, die unser Land bewohnten und den zu malen sogar Albrecht Dürer reizte. Das laute *krack* (Name) der einst bei uns häufigen, weit verbreiteten Art ist längst verstummt – vor allem durch Nahrungsmangel (Großinsekten, Eidechsen) und Verfolgung. Da die Blauracken-Bestände inzwischen auch in unseren Nachbarländern (Österreich, Polen, Frankreich) stark zurückgehen oder gar erlöschen, begegnet man dieser »Symphonie in Blau« am ehesten noch in Südosteuropa und Afrika.

Zwergtrappe Diese kleine Verwandte der Großtrappe, die heute vor allem noch im Mittelmeerraum und in Osteuropa anzutreffen ist, hat bei uns bis zu Anfang des 20. Jahrhunderts vereinzelt und zuvor in weiten Teilen des Landes von der Mecklenburgischen Seenplatte mit Zentrum der Verbreitung im Thüringer Becken bis ins Oberrheingebiet gebrütet. Diese Offen- und Ödland bewohnende Art ist direkter Verfolgung, vor allem aber immer intensiverer Landwirtschaft und zunehmenden Störungen erlegen.

> **Mornellregenpfeifer** Dieser »dumme Regenpfeifer«, was sein Name bedeutet, weil er sich wegen seiner geringen Scheu Menschen gegenüber sogar auf dem Nest anfassen lässt, ist von Nordeuropa bis Sibirien weit verbreitet und siedelt im europäischen Bereich mit rund 25 000 Paaren, wenige davon auch in den Alpen außerhalb Deutschlands. Für unser Land gibt es zwei Brutnachweise um 1830. Heutzutage erscheint er bei uns noch regelmäßig auf dem Durchzug.

Rothuhn Dieses fast exotisch anmutende bunte Huhn mit lackrotem Schnabel und roten Beinen, das im Mittelmeerraum häufig ist, hat bei uns bis zum Ende des 16. Jahrhunderts am Mittelrhein gebrütet und danach vielleicht noch im Donauraum. Spätere vereinzelte Bruten gehen wahrscheinlich auf ausgewilderte Vögel zurück, die von Jagdinteressenten freigelassen wurden. Im Zuge der Klimaerwärmung könnten Ansiedlungen wieder erfolgreich werden.

Steinsperling Von diesem Sperling steiniger Gebiete, Felsspalten und Ruinen, den wir heute noch vielerorts im Mittelmeerraum antreffen, haben die meisten von uns noch nicht einmal den Namen gehört. Dabei hat die Art bis kurz vor dem Zweiten Weltkrieg bei uns in verschiedenen Regionen Mittel- und Süddeutschlands gebrütet und war teilweise häufig, etwa an Ruinen. Zu seiner Ausrottung haben wohl Verfolgung, Konkurrenz durch andere Arten und anderes geführt.

Triel Ein großer Watvogel mit auffallend großen gelben Augen, der offenes Ödland mit spärlicher Vegetation bewohnt: Biotope, die heute in unserem Land kaum noch übrig geblieben sind. Da er zudem empfindlich gegen Störungen ist, sind die Bestände dieses früher wenn auch lückig im ganzen Land regelmäßig brütenden Vogels seit Beginn des 20. Jahrhunderts fortschreitend und 1976 ganz erloschen. Seinen Namen erhielt er nach dem weithin zu hörenden Ruf *tri-iel*.

>> **Papageitaucher** Der seltsame Name dieses Alken – einer Familie von marinen Tauchvögeln – leitet sich von seinem großen roten Schnabel ab, der ihm ein papageiähnliches Aussehen verleiht. Er hat im 19. Jahrhundert auf Helgoland gebrütet, bis sein Bestand in den 1830er Jahren wegen Nachstellung erlosch. Da die Art im Atlantik noch recht häufig ist und in den 1990er Jahren Helgoland zur Brutzeit wieder besuchte, ist eine künftige Wiederansiedlung nicht ausgeschlossen.

STURZFLUG

VOM UNMITTELBAREN AUSSTERBEN BEDROHT

Alpenstrandläufer • Auerhuhn •
Bekassine • Birkhuhn • Brachvogel •
Großtrappe • Haselhuhn •
Kampfläufer • Knäkente •
Küstenseeschwalbe • Rebhuhn •
Sandregenpfeifer • Uferschnepfe

Die Großtrappe ist eine der 28 Vogelarten, um deren Existenz wir uns Sorgen machen müssen und bei denen dringende Hilfe zu leisten ist.

STURZFLUG

Vom unmittelbaren Aussterben bedroht

In diese Rubrik fallen unsere derzeit größten Sorgenkinder. Die Rote Liste führt 28 Arten an, die vom Aussterben bedroht sind. Das sind unglaubliche 11 Prozent unserer regelmäßigen Brutvögel! Es sind dies Alpenstrandläufer (noch etwa 10 Brutpaare), Auer- und Birkhuhn (je etwa 1000 BP), Bekassine (5000 BP), Brachpieper (1000 BP), die Seeschwalben Brand- (3000 BP), Küsten- (4000 BP), Lach- (40 BP), Raub- (1 BP), Trauer- (1000 BP) und Zwergseeschwalbe (500 BP), Goldregenpfeifer (8 BP), Großer Brachvogel (3000 BP), Großtrappe (100 BP), Haubenlerche (3000 BP), Kampfläufer (20 BP), Kornweihe (50 BP), Moorente (5 BP), Ohrentaucher (1 BP), Rotkopfwürger (3 BP), Sand- (1000 BP), Seeregenpfeifer (150 BP), Schreiadler (100 BP), Seggenrohrsänger (5 BP), Sumpfohreule (50 BP), Steinschmätzer (4000 BP), Uferschnepfe (3000 BP) und Zippammer (400 BP).

Dazu kommen zwei weitere Arten, um die es inzwischen ebenfalls sehr schlecht bestellt ist. Es ist das Haselhuhn – in der Roten Liste noch mit 1000-1500 BP angegeben –, das jedoch bei uns nur noch in einer Handvoll von Paaren brütet, sowie das Rebhuhn, dessen Bestände von einst über 10 Millionen BP auf derzeit wohl nur noch gegen 20 000 zusammengeschrumpft sind.

Werden die genannten Zahlen addiert, ergeben sich insgesamt rund 100 000 Individuen – das entspricht in unserem 80-Millionen-Volk gerade einmal der Einwohnerzahl einer kleinen Großstadt wie Cottbus und selbst für eine solche Minderheit ist in unserem Land nachhaltiger Schutz nicht aufzubringen – was für ein Armutszeugnis! Und es kommt noch schlimmer: Diesen hochgradig gefährdeten Arten rücken weitere Brutvögel bedenklich nahe, wie im folgenden Kapitel gezeigt. Zunächst aber werden von den Aussterbekandidaten 13 in Bild und Text näher vorgestellt.

Wie ein Charaktervögel unserer Waldgebiete in weniger als 100 Jahren von vitalen Populationen an den Rand des Aussterbens gelangen konnte, soll am Auerhuhn skizziert werden. Noch im 19. Jahrhundert wurde die Art teils als Forstschädling betrachtet – wegen des Triebspitzen-Verbisses an Nadelbäumen – mit der Empfehlung zu Regulierung durch Abschuss. Rückgänge lokaler Vorkommen galten lange als normale Populationsschwankungen. Selbst Bestandsrückgang und Arealverlust in ganz Mitteleuropa vor dem Zweiten

Weltkrieg führten weder zur Einstellung der Jagd noch zu ernsthafter Ursachenforschung oder effektiven Gegenmaßnahmen. Sie erfolgten erst ab den 1970er Jahren, als drastische Rückgänge in allen Populationen auftraten und die Art aus größeren Regionen (Tieflandwälder, Mittelgebirge wie Harz, Pfälzer Wald u. a.) verschwand. Nachdem sich Jagd- und Feinddruck (Habicht, Fuchs) als überbewertet erwiesen, kamen endlich die Hauptursachen in Betracht: Biotopverluste durch intensive Forstwirtschaft und zunehmende Störungen. Doch Maßnahmen blieben halbherzig, beschränkten sich vor allem auf das Auslichten von Balzplätzen und Tourismus-Lenkung, selbst etwa nach Erstellen eines umfassenden »Aktionsplanes« für den Schwarzwald. Inzwischen haben trotz der großen Waldauslichtungen durch Sturmschäden Klimaerwärmung und Stickstoffeintrag dazu geführt, dass in den meisten Auerhuhn-Refugien der Jungwald »bürstenartig« aufwächst. Infolgedessen können Hennen in dem Dickicht kaum noch ihre Küken führen, viele schreiten erst gar nicht mehr zur Brut. Den für Auerhühner lebensnotwendigen »Märchenwald«: stufig, lückig, sonnendurchflutet, mit Kiefern und geringem Kronenschluss, strukturreichem Waldboden mit Blänken, Heidelbeeren usw, wird keine finanzierbare Forstmaßname wieder herstellen können. Damit ist der Abgang eines unserer schönsten lebenden Naturdenkmäler – des »Urhuhns« – eingeläutet!

Haselhuhn Lange Zeit fast unbemerkt ist das wenig auffällige kleine Waldhuhn strukturreicher Niederwälder, das Bestände von Hasel, Erle und Eberesche braucht, dem Umbruch zum eintönigen Wirtschaftswald gewichen. Die Angaben in der Roten Liste von noch 1000-1500 Brutpaaren sind sozusagen ein schlechter Witz. Experten gehen von maximal 400-500 Paaren in Deutschland und westlichen Nachbarländern aus, und andere Fachleute bezweifeln, ob es bei uns überhaupt noch eine Handvoll Paare gibt – jedenfalls ist mit dem Aussterben der Art in Deutschland bald zu rechnen.

Knäkente Diese früher gebietsweise in Deutschland häufigste Entenart nach der Stockente verdankt ihren Namen dem knarrenden Ruf des Erpels. Ihre noch rund 1500 Brutpaare leben vor allem in der nördlichen Hälfte Deutschlands, wo sie verschiedenste Flachgewässer wie Gräben, Tümpel, Überschwemmungsflächen u. Ä. besiedeln. Als Langstreckenzieher mit Winterquartier in Zentralafrika ist die Art nicht nur durch Biotopverluste etc. bei uns stark gefährdet, sondern auch durch vielerlei Einflüsse auf dem Zug.

Alpenstrandläufer (auf dem Bild links zusammen mit Knutts) Der eigenartige Name dieses kleinen Watvogels bezieht sich auf seine Erstbeschreibung in Verbindung mit den »Lappländischen Alpen«. Noch in den 1950er Jahren brüteten allein in Mecklenburg-Vorpommern mindestens 200 Paare, doch nun werden die restlichen Brutvorkommen im norddeutschen Küstenbereich wohl bald erlöschen. Aber als Durchzügler und Gast aus dem Norden, mit mindestens 300 000 Brutpaaren auf europäischem Gebiet, wird uns die Art erhalten bleiben.

Bekassine Die »kleine Waldschnepfe« (nach ihrem französischen Namen) war einst Charaktervogel aller unserer Feuchtgebiete, in denen sie zweierlei Balz-»Gesänge« ertönen ließ: ein monotones *tüke, tüke, tüke* mit dem Stimmapparat und als »Himmelsziege« beim Balzflug ein an Meckern erinnerndes Geräusch, das bei schrägem Abwärts-Sturzflug mit weit gespreizten äußeren Schwanzfedern erzeugt wird. Heute ist beides in Deutschland kaum noch zu hören – das Schlagwort vom »Stummen Frühling« lässt grüßen.

Brachvogel Dieser, wegen seines kleineren Verwandten, dem Regenbrachvogel, auch Großer Brachvogel genannt, war einst Charaktervogel all unserer offenen Feuchtgebiete. Heute erklingt sein flötender Ruf nur noch von Restbeständen vor allem in Nordostdeutschland und Teilen Bayerns. Mit ihm geht auf dem Weg in den »Stummen Frühling« eine der schönsten melodischen Stimmen unserer Vogelwelt verloren – einst das belebende Element geheimnisvoller Moorlandschaften.

Uferschnepfe Diesen prächtigen großen dem Brachvogel nahestehenden Schnepfenvogel kennen heutzutage auch viele Vogelfreunde nur noch dem Namen nach. Bei dem einstigen Charaktervogel von Feuchtwiesen vor allem in Norddeutschland mit vielen inselartig lokalen Vorkommen bis ins Alpenvorland zeigten sich Rückgangserscheinungen bereits in der ersten Hälfte des 20. Jahrhunderts, die sich seit den 1970er Jahren dramatisch verschlechterten. Hauptursache sind andauernde Lebensraumverluste.

Kampfläufer Mit nur noch etwa 20 Paaren steht dieses Schmuckstück in Deutschlands brütender Vogelarten kurz vor dem Erlöschen. Früher war der auf Balzplätzen spektakuläre Schaukämpfe austragende Watvogel mit farbenprächtigen Halskrausen zusammen mit Kiebitz und Uferschnepfe häufige Charaktervogelart der Grünlandniederungen der Norddeutschen Tiefebene – nun wird er bei uns vor allem wegen Biotopverlusten bald ausgekämpft haben.

Auerhuhn Dieses urig wirkende größte aller Raufußhühner war einst der Charaktervogel unserer früheren strukturreichen »Märchenwälder«. Nach seinem Verschwinden aus den meisten Mittelgebirgen droht nun das Erlöschen der Restbestände im Süden unseres Landes. Ein schwacher Trost: Auch wenn wir dieses lebende Denkmal wie eine Reihe unserer Nachbarländer verlieren werden, so kann es sicher noch lange Zeit in den Wäldern Skandinaviens und vor allem Russlands bewundert werden.

Birkhuhn Von diesem prächtigen mittelgroßen Raufußhuhn, das einst alle unsere Moore, Heiden und offenen Bergkuppen bewohnte, sind klägliche, vom Aussterben bedrohte Reste nur im Alpenraum, der Lüneburger Heide, der Rhön und am Südostrand Deutschlands verblieben. Wie bei den übrigen Raufußhühnern – Auer-, Hasel- und Alpenschneehuhn – ist auch beim prächtigen »Spielhahn« bei uns mit dem Aussterben zu rechnen, während von den noch reichlich zwei Millionen Brutpaaren in Nordosteuropa wohl noch lange viele erhalten bleiben werden.

> **Rebhuhn** Das Verschwinden dieses herrlichen Feldhuhns ist eine Schande für unser Land und ein unverzeihliches Versagen der für den Naturschutz Verantwortlichen! Sein Rückgang von einst wohl mindestens zehn Millionen Paaren, nahezu im ganzen Land verbreitet, wird seit 1800 dokumentiert, beklagt, erforscht, aber nur halbherzig zu stoppen versucht, und nun wird das *rrreb* der balzrufenden Hähne wohl bald ganz bei uns verstummen. Sein Bestand ging europaweit seit 1980 um über 90 Prozent zurück!

»Der Winter hüllt das ganze Land
In sein betrübtes Schneegewand,
Und jeder Vogel sehnt im Hain
Sich nach dem lieben Sonnenschein«

JOHANN MARTIN MILLER

Großtrappe Dass dieser prächtige Laufvogel (Trappe: von traben, laufen) bei uns nicht längst ausgestorben ist, verdankt er – wie im benachbarten Österreich – speziellen Stützmaßnahmen. Dieser schwerste Vogel Europas (Gewicht der Männchen bis reichlich 16 Kilogramm), der früher große Teile Deutschlands bewohnte und zum Teil sogar als Schädling der Feldfluren bekämpft wurde, lebt heute mit rund 100 Brutpaaren (2018: 259 Individuen) nur noch in einem Inselvorkommen in Nordostdeutschland.

Sandregenpfeifer Von unseren drei kleinen schwarzweiß-braunen Regenpfeiferarten besiedelt der Flussregenpfeifer weite Teile des Binnenlandes. See- und Sandregenpfeifer bewohnen die Küstenbereiche von Nord- und Ostsee, wobei die Hauptbrutvorkommen der selten gewordenen Vögel im Wattenmeer liegen. Die hier behandelte Art kennzeichnen sein breites Brustband und gelborange Beinfärbung. Sein Bestand ist durch vielerlei Ursachen dramatisch zurückgegangen auf nur noch etwa 1000 Paare.

> **Küstenseeschwalbe** Dieser Weltrekordhalter an Zugstrecken, der bis in seine Winterquartiere im Antarktisbereich und zurück jährlich bis zu 80 000 Kilometer zurücklegt, war früher an unseren Meeresküsten häufiger Brutvogel. Eine Vielzahl von negativen Einflüssen wie Umweltgifte, Störungen und starke Vermehrung von Feinden haben bewirkt, dass die Restbestände von derzeit noch etwa 4000 Brutpaaren zu erlöschen drohen.

TRUDELFLUG

IM FORTBESTAND ERHEBLICH GEFÄHRDETE ARTEN
MIT STARKEM RÜCKGANG

Bachstelze • Baumpieper • Bluthänfling • Braunkehlchen • Drosselrohrsänger • Fasan • Feldlerche • Feldschwirl • Feldsperling • Fitis • Gartenrotschwanz • Gelbspötter • Gimpel • Grauschnäpper • Grauspecht • Haussperling • Kiebitz • Klappergrasmücke • Kuckuck • Lachmöwe • Mauersegler • Mehlschwalbe • Neuntöter • Ortolan • Pirol • Raubwürger • Rauchschwalbe • Rohrdommel • Rotmilan • Star • Steinkauz • Stieglitz • Teichhuhn • Teichrohrsänger • Trauerschnäpper • Turteltaube • Uferschwalbe • Wacholderdrossel • Wachtel • Wachtelkönig • Waldlaubsänger • Waldschnepfe • Weißstorch • Wendehals • Wespenbussard • Wiedehopf • Wiesenpieper • Wintergoldhähnchen • Ziegenmelker

Neuntöter Dieser häufigste unserer einst vier Würgerarten hat seinen »mörderischen« Namen bekommen, weil er oft mehr Beutetiere fängt, als er sofort verzehrt und sie als Vorrat auf Dornen im Gebüsch aufspießt.

TRUDELFLUG

Im Fortbestand erheblich gefährdete Arten mit starkem Rückgang

Für die Kategorie »Stark gefährdet« benennt die letzte Rote Liste 19 Arten: Braunkehlchen, Flussuferläufer, Fluss-Seeschwalbe, Grauspecht, Haselhuhn (siehe vorheriges Kapitel), Kiebitz, Knäkente (siehe vorheriges Kapitel), Nachtreiher, Raubwürger, Rebhuhn (siehe vorheriges Kapitel), Steinrötel, Steinwälzer, Turteltaube, Wachtelkönig, Wendehals, Weißrückenspecht, Wiesenpieper, Wiesenweihe und Zwergdommel. Bei ihnen variieren die derzeit noch brütenden Paare von etwa drei (Steinrötel, Steinwälzer) bis 50 000 (Kiebitz) und betragen im Mittel rund 10 000 Brutpaare.

Dieser hier als Arten mit starkem Rückgang benannten Kategorie sind leider viele weitere der Roten Liste hinzuzufügen, die dort in den Gruppen »Gefährdet« und »Vorwarnliste« (nahezu gefährdet) aufgeführt werden. Das sind nochmals 45 (!) Arten, von denen hier noch je zehn genannt seien. Nämlich für »Gefährdet«: Baumpieper, Bluthänfling, Feldlerche, Mehl-, Rauchschwalbe, Star, Steinkauz, Trauerschnäpper, Weißstorch und Wiedehopf. Und von der »Vorwarnliste«: Feld-, Haussperling, Gartenrotschwanz, Goldammer, Grauschnäpper, Kleinspecht, Kuckuck, Pirol, Rotmilan und Wachtel.

Manch einer wird sich verwundert die Augen reiben: Schwalben ja, den starken Rückgang von etwa 30 Prozent seit 1985 haben viele bemerkt – aber Spatzen und Stare? Kenner wissen, dass auch diese Arten, die noch bis in die 1960er Jahre als »Schädlinge« unserer

Klappergrasmücke Diese zierliche Grasmücke mit dem typischen Gesang, der ein hölzern klingendes Klappern darstellt, bewohnt halboffene Landschaften von der Küstenregion über Hochmoore, Wacholderheiden, Feldhecken bis hinauf in die Latschenbestände der Alpen. Leider hat auch sie stark im Bestand abgenommen, und selbst in größeren Regionen ist ihr Gesang in den letzten Jahrzehnten verstummt, auch wenn sie in der Roten Liste noch als ungefährdet geführt wird.

Wiesenpieper Wie bei dem nahen Verwandten, dem Baumpieper, geht auch bei dieser vor allem im nördlichen Deutschland offenes Grünland bewohnenden Art der Bestand seit den 1990er Jahren sehr stark zurück, und zwar so dramatisch, dass er in der Roten Liste als inzwischen »stark gefährdet« geführt wird. Den gerade noch etwa 40 000 Paaren macht v.a. die Intensivierung der Landwirtschaft durch Areal- und Nahrungsverluste zu schaffen.

Waldschnepfe Diese größte einheimische Schnepfe brütet bei uns nahezu im ganzen Land, sofern ausgedehnte feuchte Wälder mit gut ausgebildeter Krautschicht zur Verfügung stehen, wo sie vor allem nach Regenwürmern suchen kann. Besonders Habitatverluste (Waldumbau, Trockenlegung vieler Feuchtwälder) haben ihren Bestand stark reduziert (auf etwa 20 000 Paare, mit Einzug in die Rote Liste). Damit ist ihr eindrucksvoller Balzflug (»Schnepfenstrich«) in vielen Regionen Geschichte.

Kulturpflanzen (Getreide, Kirschen, Wein) wie Ratten bekämpft wurden (Berthold 2017, Berthold & Mohr 2017), ebenfalls allein seit etwa 1985 stetig um ungefähr ein Prozent pro Jahr im Bestand zurückgehen. Ebenso ergeht es der Feldlerche, die von einstigen weit über zehn Millionen Brutpaaren auf nun etwa eine Million Paare heruntergewirtschaftet wurde und aus vielen Feldfluren völlig verschwunden ist. Der einst überall verbreitete Bluthänfling ist mit über 50 Prozent Abnahme seit 1985 bereits in vielen Regionen zur Rarität geworden. Und schließlich unser Kinderbringer Adebar, der Weißstorch – er nimmt inzwischen im Westen unseres Landes infolge von Zucht, Ausbürgerung und Zufütterung zum Teil nach starkem Rückgang wieder zu, aber im Gegensatz zu diesen semidomestizierten Beständen sind die natürlichen im Osten wie in Mecklenburg-Vorpommern bedingt durch Lebensraumzerstörung stark rückläufig (Berthold 2017).

Es ist schon erschütternd, wie in unserer einst mit Pioniergeist auf Naturschutz ausgerichteten Kulturnation inzwischen die ehemals herrlichen Vogelbestände regelrecht hinweggewirtschaftet werden. Und wir werden selbst im nächsten Kapitel noch mehr Gefährdung kennenlernen. »Alle Vögel sind schon da …« gilt schon lange nicht mehr.

Von der hier behandelten Gruppe von Arten werden im Folgenden 49 näher in Bild und kurzem Text dargestellt.

Stieglitz Dieser *stieg-litt* rufende Finkenvogel mit seiner schwarz-weiß-rot-gelben Farbenpracht gehört zu den Lieblingsvögeln vieler Mitbürger und war früher einer der beliebtesten Käfigvögel. Sein zweiter Name, Distelfink, verrät seine Hauptnahrung, nämlich Samen von Disteln und vielen anderen Hochstauden, aber auch vom Löwenzahn, vor allem für die Jungenaufzucht.
Um all diese Pflanzen ist es heute schlecht bestellt. Und so geht der Bestand des Stieglitzes stark zurück und die Art der Roten Liste entgegen.

Bluthänfling Dieser wunderschöne Hanf-Verzehrer, früher wegen seiner blutroten Färbung von Brust und Stirn und seines abwechslungsreichen zwitschernden Gesanges beliebter Käfigvogel, gehört heute wegen des Mangels an Wildkräutersamen zu den am stärksten abnehmenden Singvogelarten und kommt in vielen unserer Gemeinden gar nicht mehr vor. Früher waren vor allem auf Brach- und Stoppelfeldern Scharen von Hunderten von Individuen anzutreffen.

Gimpel Seinen zweiten Namen Dompfaff verdankt der Vogel der leuchtend roten Färbung des Männchens, die an die roten Talare der Domprälaten erinnert, und Pfaff ist wohl als Anspielung seiner rundlichen Gestalt auf manch geistliche Herren zu verstehen. Während der Gimpel im Norden Deutschlands recht stabile Bestände und lokal sogar Zunahmen aufweist, ist er im Süden stark zurückgegangen und in vielen Gemeinden sogar sehr selten geworden, wobei die Ursachen unklar sind.

Baumpieper Sein einzigartiger Balzflug: Aufsteigen hoch über Baumkronen in den freien Himmel und anschließend fallschirmartiges Niedergleiten zu einer Sitzwarte war bis vor wenigen Jahrzehnten noch im ganzen Land zu bewundern. Heute ist die Art nach Bestandseinbrüchen, wohl vor allem bedingt durch Nahrungsmangel, großräumig verschwunden. Wie bei seinen verwandten Arten (Berg-, Wasser-, Wiesenpieper) geht der Name auf *piep*-artige Lock- und Warnrufe zurück.

Bachstelze Dieser markant schwarz-weiße Vogel ist im ganzen Land anzutreffen, auch weitab von Gewässern. Typisch ist sein ständiges Schwanzwippen (»Wippsterz«) und wieselflinkes Rennen zum Erhaschen von Insekten. Rückgänge in jüngster Zeit gehen wohl in erster Linie auf die starke Abnahme der Insekten zurück, von denen sich Stelzen (auch die verwandten Gebirgs- und Schafstelzen) hauptsächlich ernähren.

Grauschnäpper Er und der Trauerschnäpper sind die bekanntesten unserer vier Fliegenschnäpperarten. Als reine Fluginsektenjäger leiden sie besonders unter dem starken Rückgang der Insekten und haben dadurch in letzter Zeit ganz auffällige und bedrohliche Bestandseinbrüche erfahren. Dabei ist der Grauschnäpper in den allerletzten Jahren als Brutvogel aus vielen Ortschaften bereits ganz verschwunden und – allerhöchste Zeit – in der Vorwarnliste gelandet.

> **Braunkehlchen** Ein Trauerspiel, wie dieser braunkehlige »Wiesenschmätzer«, der noch in meiner Schulzeit in nahezu jeder Wiese mit Hochstauden im ganzen Land anzutreffen war, vor allem durch intensive Landwirtschaft vernichtet wird. Größere Restbestände, insgesamt etwa 20 000 Brutpaare, leben – wie lange wohl noch – im Nordosten. Ein klägliches Überbleibsel von einst mehreren Millionen Brutpaaren. Im Nachbarland Luxemburg ist die Art bereits ganz ausgestorben.

< **Gartenrotschwanz** Ein prächtiger schwarz-weiß-roter Vogel, der früher in keinem Streuobstbestand oder größerem Garten mit Baumbestand fehlte. Seit den 1960er Jahren erleidet er vor allem in Süd- und Westdeutschland dramatische Bestandsabnahme, während ostdeutsche Populationen bisher recht stabil geblieben sind. Diese Unterschiede haben neben Insektenmangel sicher auch mit verschiedenartigen Bedingungen in den Winterquartieren in West- bzw. Ostafrika zu tun.

Trauerschnäpper Eine unserer vier Fliegenschnäpper-Arten, die sich überwiegend von Fluginsekten ernähren. Den Beinamen »Trauer« erhielt der früher meist Trauerfliegenschnäpper genannte Vogel, weil sich in seinem Gefieder neben Weiß viel Schwarz findet. Die in fast ganz Deutschland vorkommende Art, die in Höhlen brütet und gern Nistkästen bezieht, lässt leider vor allem seit den 1990er Jahren deutlichen Bestandsrückgang erkennen, und im Süden sind lokale Vorkommen bereits erloschen.

< Drosselrohrsänger Fast drosselgroß ist er der größte unserer fünf einheimischen Rohrsängerarten, und zudem singt er laut wie eine Drossel. Früher in ganz Deutschland auch an kleinen Tümpeln mit geringem Röhrichtbestand verbreitet, hat er seit Jahrzehnten im Bestand stark abgenommen, und die verbliebenen reichlich 10 000 Brutpaare konzentrieren sich vor allem auf Nordostdeutschland, wo lokale Populationen gegenwärtig zum Teil wieder zunehmen, während er in anderen Regionen inzwischen weitgehend fehlt.

Gelbspötter Ähnlich wie die Gartengrasmücke ein hervorragender Sänger, aber seine Mischung aus wohlklingenden und misstönenden Lauten hat ihm den Namen »Spottliedsänger«, also Spötter, eingebracht. Auch dieser Bewohner halboffener Landschaften und vor allem auch von Parks und Friedhöfen weist in letzter Zeit besorgniserregende Bestandsabnahmen auf. In Südwestdeutschland wird er in einigen Gebieten vom aus Frankreich (allerdings in sehr geringer Anzahl) einwandernden Orpheusspötter ersetzt.

Teichrohrsänger Dieser häufigste unserer fünf Rohrsängerarten lebt gut angepasst im Röhricht von Teichen und anderen Gewässern nahezu im ganzen Land mit Ausnahme höherer Bergregionen. Er kann geschickt an senkrechten Schilfhalmen sitzen und umherklettern und an ihnen auch seine tief napfförmigen Nester aufhängen. Durch Zuschütten von Tümpeln, Flussbegradigungen u. a. hat er viele Lebensräume verloren, was seinen Bestand stark reduziert hat. Zurzeit ist er jedoch mit rund 100 000 Paaren recht stabil.

Wachtel Lange vorbei sind die Zeiten, als dieses kleine »Feldhuhn« im ganzen Land aus allen Feldfluren zu hören war, in Massen gefangen und auf unseren Märkten feilgeboten wurde und Liebhaber die Vögel wegen des markanten Wachtelschlages *bit-bi-wit* in speziellen Käfigen, den Wachtelhäusern, hielten, die im Sommer an Außenwände der Häuser gehängt wurden. Seit den 1960er Jahren führte vor allem die intensive Landwirtschaft zu dramatischem Rückgang, und nun steht die Wachtel mit restlichen rund 25 000 Paaren in der Roten Liste.

Jagdfasan Dieser oft auch schlicht Fasan genannte Vogel bekam wegen anderer eingebürgerter Arten wie Silber- und Goldfasan als wichtigste bejagte Fasanenart den entsprechenden Beinamen. Er wurde bei uns im Mittelalter, vielleicht sogar schon zur Römerzeit, aus dem Schwarzmeergebiet angesiedelt und war vor allem auch wegen vieler Aussetzungsaktionen fast in ganz Deutschland häufig. Heutzutage ist er durch intensive Landwirtschaft selten geworden und hat seinen Verbreitungsschwerpunkt im wintermilden Nordwesten.

< Feldlerche Völkermord muss man es nennen, was die Art ähnlich wie das Rebhuhn derzeit in unseren Feldfluren erfährt: ein Rückgang von früher weit über zehn Millionen Paaren um mehr als 90 Prozent! Zu Beginn des 19. Jahrhunderts wurden allein auf den Leipziger Märkten bis zu einer halben Million Lerchen angeboten (was ihnen damals nicht groß schadete) – das wäre heute etwa jede fünfte Lerche unseres Landes. Noch ist unvorstellbar aber nicht mehr unwahrscheinlich, dass schon in wenigen Jahren das Jubilieren der Lerchen über unseren Feldern vollends verstummen könnte!

Kiebitz Geradezu als katastrophal ist der Rückgang dieses früher im ganzen Land verbreiteten Wiesenbrüters zu bezeichnen, der später auch versucht hatte, mangels Feuchtwiesen auf Äcker auszuweichen. Von über 200 000 Paaren noch um 1985 und mehr als einer Million um 1900 ist sein Bestand auf nunmehr höchstens noch etwa 50 000 Paare zusammengeschrumpft, mit weiterhin anhaltender Abnahme und regional völligem Verschwinden! Damit steuert wohl auch dieser Charaktervogel der Niederungswiesen dem Aussterben entgegen.

Feldschwirl Diese auch Heuschreckenschwirl genannte Art erhielt ihren lautmalenden Namen von ihrem an Grillen erinnernden Gesang. Wie die anderen bei uns vorkommenden Arten (Rohr- und Schlagschwirl) leben die den Rohrsängern verwandten Vögel sehr versteckt und sind meist nur Spezialisten bekannt. Früher war der Feldschwirl in vielen Biotopen des Offenlandes anzutreffen. Inzwischen ist er nach starkem Bestandsrückgang vielerorts sehr selten geworden.

> **Haussperling** Der typische »Spatz«, früher zahlreich in jedem kleinbäuerlichen Betrieb, der sich trotz hartnäckiger Verfolgung jahrhundertelang scharenweise in unseren Dörfern halten konnte, hat nun dank intensiver Landwirtschaft Einzug in die Rote Liste gehalten – kaum zu glauben! Haussperlinge brauchen als reine Standvögel rund ums Jahr Nahrung am selben Platz – heute fast nur noch verfügbar in Zoos, an Plätzen mit ständigen Abfällen (Restaurants, Bahnhöfe usw.) und: an Ganzjahresfutterstellen! Damit kann man Haussperlinge leicht wieder ansiedeln.

Feldsperling Kaum zu fassen, dass noch bis in die 1960er Jahre von Amts wegen als »Schädlinge« bekämpfte Arten wie Feld-, Haussperling und Star inzwischen als »gefährdet« Einzug in die Rote Liste gehalten haben! Ursachen dafür sind bei diesem Höhlenbrüter mit dem an Ohrenschützer erinnernden Wangenfleck Nistplatz- und eklatanter Nahrungsmangel (Wildkräutersamen, Insekten). Zum Glück kann man lokale Feldsperlingspopulationen mithilfe von Ganzjahresfütterung und Nistkästen wieder aufbauen.

Goldammer Diese häufigste unserer sechs Ammernarten, deren Gattungsname auf ihre hämmernden Gesänge zurückgeht, kam früher in nahezu jeder Gemeinde vor und besiedelte Deutschland mit mehreren Millionen Brutpaaren. Auch sie ist inzwischen fast überall infolge der intensiven Landwirtschaft zurückgegangen, leidet unter dem Schwund an Feldhecken, Sämereien von Wildkräutern und Insekten und fehlt inzwischen in vielen »Agrarwüsten« völlig. In der Roten Liste hielt sie Einzug in der Vorwarnliste.

Fitis Dieser dem Zilpzalp nahe verwandte kleine Laubsänger mit »leise lispelndem Gesang«, was sein Name bedeutet, der mehr feuchte Habitate bevorzugt, kommt zwar noch in ganz Deutschland vor, hat aber in den letzten Jahrzehnten einen regelrechten Bestandseinbruch erfahren. Hauptursachen für seinen Rückgang sind wohl vor allem fortschreitender Insektenmangel und Verluste auf dem Zug, der ihn in Winterquartiere bis nach Zentral- und Südafrika führt.

»Vogelsang am frühen Morgen,
auf den Hängen letzter Schnee
können wir ihn doch schon ahnen,
Frühling ist schon fast zu sehn.«

CHRISTINA TELKER

Wendehals Diesen Namen kennen viele nur aus der Zeit der »Wende« und Wiedervereinigung Deutschlands, ihn trägt aber auch ein nur wenigen bekannter, zu den Spechten gehörender Vogel, weil er mit dem Hals schlangenartige Bewegungen ausführen kann. Am markantesten ist von diesem auf Ameisen spezialisierten sehr unauffälligen Vogel seine laute wie *gä, gä, gä* klingende Rufreihe. Leider geht auch sein Bestand bei uns bedingt durch Nahrungsmangel stark zurück.

<< **Waldlaubsänger** Der mit Fitis und Zilpzalp Verwandte unserer fünf Laubsängerarten (zusammen mit Berg- und Grünlaubsänger) bewohnt in ganz Deutschland Laub- und Laubmischwälder, wo er in Bestandslücken seinen typischen Balzflug ausführt und wie alle Laubsänger am Boden nistet. Leider kommen bei uns nach sehr starker Bestandsabnahme seit den 1990er Jahren nur noch rund 100 000 Paare vor, und viele regionale Bestände sind inzwischen ganz erloschen.

> **Grauspecht** Während es dem etwas größeren und mehr grün gefärbten Grünspecht bei uns zur Zeit recht gut geht, hat der Grauspecht in den letzten Jahrzehnten erhebliche Bestandsverluste erfahren und brütet bei uns – südlich der Norddeutschen Tiefebene – nur noch in etwa 10 000 Brutpaaren, vor allem in Laubmischwäldern und Streuobstanlagen. Ihm machen vor allem Nistplatz- (Baumhöhlen-) und Nahrungsmangel (insbesondere von Ameisen) zu schaffen.

Kuckuck Diesen eigenartigen von vielen Legenden umwobenen Vogel, der seinen Namen ruft, werden viele Bewohner unseres Landes kaum noch oder bald gar nicht mehr hören. Sein Bestand geht in den letzten Jahrzehnten stark zurück. Nur noch etwa 40 000 Brutpaare leben bei uns, und in vielen Regionen ist sein Ruf inzwischen verstummt. Eine der Hauptursachen ist der Mangel an Großinsekten für Altvögel und wohl auch von Insekten für Jungvögel, die von Wirtsvögeln aufgezogen werden.

Lachmöwe Unsere typische Binnenlandmöwe, lückenhaft von der Küste bis an den Alpenrand verbreitet, bekam ihren Namen aufgrund der an unser Lachen erinnernden Rufreihen. Dieser Koloniebrüter, der früher viele unserer Binnenseen und Teiche mit lärmenden Scharen bevölkerte, ist nach starken Bestandsschwankungen europaweit im Rückgang begriffen, wobei neben Biotopverlusten und Störungen vor allem Nahrungsmangel in der Feldflur eine große Rolle spielt.

Mauersegler Dieses Wunderwerk des Flugvermögens nistet bei uns vor allem in Hohlräumen (auch Nistkästen, -steinen) höherer Gebäude der Innenstädte (daher im Volksmund auch Turmschwalbe genannt) und verbringt die Zeit nach der Brut, auf dem Zug und im südafrikanischen Winterquartier, ausschließlich in der Luft, wobei die Segler auch im Flug schlafen. Leider geht auch ihr Bestand seit den 1990er Jahren stetig zurück, bedingt durch Mangel an Nistplätzen und vor allem Insekten.

Rauchschwalbe Nahezu unglaublich, dass dieser Frühsommerbote, der einst in Scharen alle unsere Dörfer umschwirrte und auch in Schornsteinen brütete (woher sein Name stammt), in der Roten Liste gelandet ist! Aber mit dem Bauernsterben und dem Verschwinden der allermeisten herkömmlichen Kuhställe – dem Hauptnistplatz – sowie der dramatischen Abnahme von Fluginsekten, gingen die Bestände auf noch etwa eine halbe Million Brutpaare zurück, die weiter abnehmen.

Mehlschwalbe Nur noch je etwa eine halbe Million Brutpaare nisten von unseren einst vielen Millionen in Deutschland lebenden beiden häufigen Schwalbenarten, der unterseits von der Kehle bis zu den Krallen schneeweiß gefärbten Mehlschwalbe, die außen an Gebäuden unter Dachvorsprüngen nistet und der Rauchschwalbe, die vor allem Kuhställe bewohnte (siehe oben). Beiden Arten machen Bodenversiegelung und damit Mangel an Lehm für den Nestbau und der Rückgang von Insekten schwer zu schaffen.

Uferschwalbe Diese kleinste einheimische Schwalbenart, kenntlich an ihrer braunen Oberseite und einem Brustband, nistete früher an sandig-lehmigen Steiluferabbrüchen, die heute bei uns kaum noch existieren, und besiedelte später Sand- und Kiesgruben, wo sie in Kolonien brütet. Anhaltende Lebensraumverluste ließen ihre Bestände auf rund 100 000 Paare schrumpfen, sodass sie in die Rote Liste einziehen musste. Heute gefährden sie zudem Insektenmangel und Dürre im Winterquartier.

< Ziegenmelker Kaum zu glauben, dieser Name, aber wahr und dennoch nicht zutreffend. Dieser dämmerungs- und nachtaktive Vogel, der zu den Nachtschwalben (Schwalmvögel) gehört, sieht mit seiner Tarnfärbung nicht nur geisterhaft aus, sondern wirkt auch durch seinen schnurrenden Gesang und von Flügelklatschen begleitetem Balzflug gespenstisch. Da dieser Offenlandbewohner, der vor allem seit Beginn des 20. Jahrhunderts stark abgenommen hat, bei der Jagd nach Insekten häufig Vieh auf Weiden umflog, dichtete man ihm auch Melken als Milchdieb an.

Ortolan Der eigenartige Name dieser auch Gartenammer genannten Art entstammt dem Latainischen *hortus*. Sie kommt heute mit rund 10 000 Brutpaaren fast nur noch in Nordostdeutschland vor. Ihre Bestände sind in mehreren Bundesländern bereits ganz erloschen, und unter Fachleuten gilt die Art inzwischen in ganz Mitteleuropa als vom Aussterben bedroht. Ursachen für den Rückgang sind Habitatverluste, Nahrungsmangel und starke Verfolgung als Delikatesse (u. a. in Frankreich).

Raubwürger Dieser größte unserer heimischen Würger gleicht einem kleinen Raubvogel, daher sein Name. Er gehört zu einer Familie mit tragischer Entwicklung: Sein nächster Verwandter, der Schwarzstirnwürger, ist bei uns bereits ausgestorben, der Bestand des Rotkopfwürgers steht kurz vor dem Erlöschen, und wie beim Neuntöter gehen auch die Bestände des Raubwürgers (mit nur noch etwa 2000 Paaren) überall stark zurück. Im Süden ist er weitgehend verschwunden. Ihm schaden vor allem Nahrungsmangel und die zunehmende Verunruhigung der Landschaft.

> Neuntöter Dieser häufigste unserer einst vier Würgerarten, wegen seiner Färbung auch Rotrückenwürger genannt, hat seinen eigentümlich »mörderischen« Namen bekommen, weil er oft mehr Tiere erbeutet, als er sofort verzehrt und sie (meistens Insekten) als Vorrat auf Dornen im Gebüsch aufspießt. War er früher in fast ganz Deutschland ein typischer und häufiger Vogel der Feldhecken, Gebüsche, auch Waldränder, gehen seine Bestände nun seit einigen Jahrzehnten in vielen Regionen stark zurück.

< Pirol Diesen einzigen Vertreter seiner Familie in Deutschland hört man viel öfter mit seinem laut flötenden Gesang, daher sein Name, als dass man ihn zu sehen bekommt. Da er vor allem Kronenbereiche von Auwäldern und anderen Laubgehölzen bewohnt, ist selbst das goldgelb gefärbte Männchen im Blätterdach gut getarnt. Sein Hauptvorkommen liegt im nordostdeutschen Tiefland, im übrigen Deutschland ist es recht lückig, und im südlichen Deutschland nehmen die Bestände inzwischen zum Teil stark ab.

Wintergoldhähnchen Im Gegensatz zum Sommergoldhähnchen weist die hier vorgestellte Art keine stabilen Bestände mehr auf, obwohl sie im hauptsächlich bewohnten Fichtenwald eigentlich einen intakt erscheinenden Lebensraum besiedelt. Aber im Zuge der Klimaerwärmung und durch Umweltbelastungen hat sich auch die Welt der Kleinlebewesen auf Fichten stark verändert und damit die Nahrung für Goldhähnchen reduziert.

Rohrdommel Diese wegen ihrer kleineren Verwandten Zwergdommel auch Große Rohrdommel genannte, zu den Reihern gehörende Art, trug früher auch den Namen »Moorochse«: Ihr tiefes *prump*, daher Dommel, das über einen Kilometer weit zu hören ist, erinnert an das Muhen einer Kuh. Auch wenn ihr Bestand mit rund 1000 Paaren, ganz überwiegend in großen Röhrichtbeständen Nordostdeutschlands heute recht stabil ist, ist ihr Ruf vor allem im südlichen Deutschland vielerorts verstummt.

Wespenbussard Ein weiterer Verlierer unserer Kulturlandschaft. Im Gegensatz zum Mäusebussard, von dem er sich durch schlankere Gestalt, leuchtend gelbe Iris und Langstreckenzug bis nach Afrika unterscheidet, lebt er hauptsächlich von Wespenlarven, die er aus Bodennestern holt. Er besiedelt mit nur gut 4000 Paaren strukturreiche Wald-Offenland-Mosaiklandschaften im ganzen Land und leidet bei uns unter Nahrungsmangel und unter vielerlei Einflüssen auf dem Zug.

Star Unfassbar, dass dieser im ganzen Land verbreitete und bekannte Frühjahrsverkünder von einst über zehn Millionen Brutpaaren nach etwa 80-prozentigem Bestandsrückgang und intensiver Bekämpfung bis in die 1960er Jahre nun als »gefährdet« in der Roten Liste gelandet ist – das ist eine Schande für unser Land! Zum Glück lassen sich lokale Starenpopulationen mit Nistkästen und Ganzjahresfütterung (vor allem mit Meisenknödeln) recht gut wieder aufbauen.

<< **Rotmilan** Von diesem im Gegensatz zum Schwarzmilan rotbraun gefärbten Greifvogel, der aufgrund seiner kennzeichnenden Schwanzkerbe auch Gabelweihe genannt wird, brüten über zwei Drittel des europäischen Bestandes in Deutschland – das sind reichlich 10 000 Paare. Auch hier – welche Schande für unser Land: Trotz hoher Verpflichtung für ihren Erhalt nehmen die Bestände seit den 1990er Jahren beträchtlich ab, unter anderem durch Verluste an Windkraftanlagen.

Steinkauz Dieser kleine Kauz besiedelt im Gegensatz zu anderen kleinen Eulenarten wie Raufuß- und Sperlingskauz, die große Wälder bewohnen, Offenland wie Streuobstbestände, Alleen oder Knicks und ist Kulturfolger. Sein Name geht auf das Brüten in Ruinen, Mauern und Steinhütten zurück. Er kommt heute nach starken Bestandsverlusten über viele Jahrzehnte fast nur noch im Westen Deutschlands in etwa 8000 Paaren vor, wo sich einige Populationen durch Schutzmaßnahmen und vor allem Nistkästen wieder anheben ließen.

Teichhuhn Dieser hühnerartige Vogel, der an Teichen lebt, hat ebenso wie das Blässhuhn mit Hühnervögeln nichts zu tun, sondern gehört zu den Rallen (überwiegend Sumpfbewohnern) und wird deshalb auch häufig Teichralle genannt. Die schmucken Vögel, mit rotem Schnabel und gelber Spitze sowie grünen Beinen mit rotem »Strumpfband«, bewohnen mit rund 35 000 Paaren nährstoffreiche Gewässer verschiedener Art, vor allem auch Teiche in Zoos. Leider gehen auch ihre Bestände insgesamt zurück, und so ist die Art in der Roten Liste gelandet.

> **Wachtelkönig** Dieser wachtelähnliche, aber Wachteln an Größe etwas übertreffende Vogel, daher »König« unter den Wachteln, gehört zu den Rallen und bewohnt als »Wiesenralle« (oder »Wiesenknarre« wegen seines lauten *kräks, kräks*-Rufes) Hochgras- und Hochstaudenbestände, Feuchtwiesen, Moore u. ä. Der Wachtelkönig kommt lückig verbreitet in ganz Deutschland vor, aber nach starkem Bestandsrückgang durch Biotopverluste ist sein Bestand auf etwa 2000 Paare zusammengeschrumpft – mit ungewisser Zukunft.

Wacholderdrossel Dieser früher bei Jägern und Vogelfängern beliebte »Krammetsvogel«, nach seinem Verzehr von Krammets-, also Wacholderbeeren, ist aus der östlichen Taiga zu uns eingewandert und hat weite Teile Mitteleuropas erst im Laufe des 19. und 20. Jahrhunderts besiedelt. Bei uns brütet er fast im ganzen Land in halboffenen Gebieten, wo er meist in Kolonien in Baumbeständen nistet. Seit den 1990er Jahren zeichnet sich starker Bestandsrückgang ab, vor allem bedingt durch Nahrungsmangel.

< **Turteltaube** Diese früher fast im ganzen Land wenn auch lückenhaft verbreitete und mäßig häufige Art ist inzwischen vielerorts zur Rarität geworden oder verschwunden, nachdem seit den 1990er Jahren dramatische Bestandsabnahme um mehr als 50 Prozent eingesetzt hat. Da sie neben Verlusten an Lebensraum und Nahrung bei uns vielerlei Gefahren auf dem Zug nach Afrika ausgesetzt ist, fragt sich, wie lange ihr *turr, turr* bei uns noch zu hören sein wird.

^>> **Weißstorch** Meister Adebar, Glücks- und Kinderbringer, erlebte bei uns eine sehr wechselvolle Geschichte. Seinen höchsten Bestand hatte dieser Kulturfolger, der zumeist in unseren Siedlungen nistet, vor dem Zweiten Weltkrieg, solange Feuchtwiesen, in denen er hauptsächlich nach Beute sucht, noch weit verbreitet waren. Nach starkem Bestandsrückgang nimmt er derzeit vor allem in Süd- und Westdeutschland nach Zucht und Ausbürgerung wieder zu, im Nordosten zum Teil beträchtlich ab. Derzeit brüten in Deutschland gut 4000 Paare.

Wiedehopf Von den früher einmal in Deutschland wohl an die 10 000 brütenden Paaren dieses herrlichen Vogels sind bis heute gerade einmal um die 700 übrig geblieben, die derzeit noch in zwei Verbreitungsinseln im Nordosten und Südwesten, stark gestützt durch Schutzmaßnahmen, vorkommen. Früher war der Wiedehopf ein gern gesehener Helfer vor allem in den sogenannten Krautländern, wo er mit seinem langen gebogenen Schnabel eines seiner wichtigsten Beutetiere aus ihren Gängen holte: die verhassten Maulwurfsgrillen – heute selbst stark gefährdet.

GLEITFLUG

DERZEIT KAUM BEDROHTE ARTEN MIT RECHT STABILEN BESTÄNDEN

—›

Alpendohle · Amsel · Austernfischer · Beutelmeise ·
Blaumeise · Buchfink · Buntspecht · Dohle · Dreizehenmöwe ·
Eichelhäher · Eiderente · Eisvogel · Elster ·
Fichtenkreuzschnabel · Fischadler · Flussregenpfeife ·
Gartengrasmücke · Graureiher · Grünfink ·
Habicht · Haubentaucher · Hausrotschwanz ·
Heckenbraunelle · Höckerschwan · Kleiber · Kohlmeise ·
Kolbenente · Mauerläufer · Mäusebussard · Nachtigall ·
Nebelkrähe · Rabenkrähe · Rotkehlchen · Saatkrähe ·
Säbelschnäbler · Schaftstelze · Schleiereule · Schwanzmeise ·
Singdrossel · Sommergoldhähnchen · Sperber ·
Steinadler · Stockente · Tannenmeise · Turmfalke · Waldkauz ·
Waldohreule · Wasseramsel · Zaunkönig ·
Zilpzalp · Zwergtaucher

Unter zum Glück vielen anderen gehört der Graureiher zu der Kategorie der kaum bedrohten Vogelarten.

GLEITFLUG

Derzeit kaum bedrohte Arten mit recht stabilen Beständen

In dieser Kategorie, in der wir eigentlich gern alle Brutvogelarten Deutschlands sehen würden, führt die Rote Liste 125 oder 40 Prozent aller in ihr benannten Arten auf. In meiner kritischen Zusammenstellung (Berthold 2017) sind es nur 44 oder 17 Prozent der 258 regelmäßigen Brutvogelarten. Die Diskrepanz ist leicht zu erklären: Viele der in der Roten Liste als »Ungefährdet« bezeichneten Arten sind zwar nicht akut oder hochgradig bedroht, aber auch längst nicht so »gesund«, als dass man sich zumindest auf längere Sicht um sie keine Sorgen machen müsste. Das wird im Folgenden an 20 Beispielen gezeigt, und danach werden 49 Arten in Bild und Kurztext näher vorgestellt.

Zehn Arten, die ihre Bestände entweder über viele Jahrzehnte stabil halten oder nach Einbrüchen durch Verfolgung oder Einwir-

Zwergtaucher Dieser kleinste einheimische Lappentaucher (siehe Haubentaucher), der wie ein Federbällchen auf der Wasseroberfläche wirkt, von wo aus er seinen lauten hellen Balztriller erklingen lässt, bewohnt in ganz Deutschland vor allem flache Kleingewässer wie Teiche, Tümpel, aber auch ruhige Flussabschnitte. Sein Bestand ist mit reichlich 10 000 Paaren zurzeit im Wesentlichen recht stabil, regional aber zeigen sich auch stärkere Rückgänge.

Gartengrasmücke Ein mausgrau unscheinbarer Vogel, ohne besondere Abzeichen, lediglich oberseits etwas dunkler, aber einer unserer besten Sänger. Grasmücke macht Sinn mit der Trennung Gra-smücke von Grau und schmiegen und meint so viel wie Grau-Schlüpfer, der sich im Gebüsch verbirgt. Noch ist die Art in Deutschland in Laubgehölzen und Gebüsch überall anzutreffen, zeigt aber in letzter Zeit besorgniserregende Bestandsabnahmen.

kungen von Umweltgiften wieder stabilisieren konnten, sind etwa Buchfink, Bunt-, Grünspecht, Eichelhäher, Graureiher, Kleiber, Mäusebussard, Rotkehlchen, Sperber und Stockente. Bei vielen anderen Arten müssen wir Abstriche machen. Die Amsel beispielsweise, bis vor einigen Jahren noch Deutschlands häufigste Vogelart mit über zehn Millionen Brutpaaren, hat seit 2002 durch den aus Afrika eingeschleppten Usutu-Virus regional ganz erhebliche Bestandseinbrüche erfahren, die sich jederzeit fortsetzen können. Ähnlich leiden derzeit Grünfinken unter Trichomonaden-Erkrankung (Berthold & Mohr 2017). Bei Gimpel, Girlitz, Stieglitz und Kernbeißer gingen die Bestände seit 1985 um mehr als 20 bis 50 Prozent zurück, etwa aus Nahrungsmangel oder unbekannten Gründen. Ähnliche Bestandseinbrüche beunruhigen zumindest Vogelliebhaber bei Fitis, Mauersegler, Türkentaube und Waldlaubsänger, die Letztere inzwischen sogar zu einer Rarität gemacht haben. Von der Kohlmeise schließlich brüten in Deutschland noch etwa fünf Millionen Paare, aber viele Gebiete mit intensivem Obst- und Weinbau, »Betonburgen« ohne Grün, Waldflächen ohne Nisthöhlen, hat sie räumen müssen. Und schlimmer: Ihr Bruterfolg ist rückläufig, wohl vor allem bedingt durch Nahrungsmangel verursacht durch das Insektensterben (Berthold & Mohr 2017). Niemand kann daher vorhersagen, ob dieser einstige Allerorten-Vogel – der übrigens bei uns schon seit 1800 im Bestand zurückgeht (Berthold 2017) – in Deutschland in zehn oder 20 Jahren noch häufig sein wird. Und das gilt bei den gegenwärtig ständig neu auftretenden negativen Umwelteinflüssen inzwischen für jede Vogelart, auch wenn wir sie derzeit als »ungefährdet« einstufen.

^ **Singdrossel** Diese nach der Amsel bekannteste heimische Drossel mit heller, gefleckter Brust und brauner Oberseite verdient ihren Namen zurecht, da sie mit ihrem lauten wohltönenden Gesang mit abwechslungsreichen und regelmäßig wiederholten Motiven viele Menschen vor allem auf Waldspaziergängen vom zeitigen Frühling bis in den Sommer hinein beglückt. Ihre rund eineinhalb Millionen Brutpaare siedeln im ganzen Land und rücken auch zunehmend in unsere Ortschaften vor.

Alpendohle Dieser gelbschnäbelige, rotbeinige, ruffreudige, gesellige und außergewöhnlich fluggewandte kleine Krähenvogel ist bei uns auf den alpinen Bereich vom Bodensee bis zur österreichischen Grenze beschränkt. Die rund 500 Brutpaare Deutschlands profitieren zum Teil vom Tourismus (Fütterung an Berghütten, Hotels usw.) und möglicherweise auch von der gegenwärtigen Klimaerwärmung.

< Dohle Diese kleine beliebte Krähe mit grauem Nacken und auffallend hellen Augen besiedelt bei uns vor allem Städte und Dörfer, brütet aber auch in Baum- und Felshöhlen. Vielerorts leidet sie an Nistplatzmangel, etwa dem Verschließen von Kirchtürmen, sowie Nahrungsverknappung, vor allem Großinsekten. Bekannt geworden ist der intelligente Vogel vor allem auch durch die Studien des Verhaltensforschers Konrad Lorenz.

Saatkrähe Diese nahe Verwandte der Rabenkrähe unterscheidet sich von ihr durch nacktes, weißliches Gesicht, schlankeren Schnabel, blauschillerndes Gefieder, Nahrungssuche meist auf Feldfluren (Saaten) und ihr kolonieweises Brüten in Baumkronen. Dabei nistet sie häufig mitten in Ortschaften, wo sich die Vögel durch Lärm und vor allem ihren Kot wenig beliebt machen. Auch sie ist in ganz Deutschland verbreitet, aber sehr lückig und mit nur etwa 80 000 Brutpaaren.

Elster Unverkennbar, dieser mittelgroße schwarz-weiße Rabenvogel mit sehr langem Schwanz und kräftiger Stimme. Nur aus der Nähe erkennt man auf den dunklen Gefiederpartien metallischen farbenreichen Glanz. Elstern besiedeln in ganz Deutschland viele Lebensräume, heutzutage vor allem Grüngürtel am Rande von Siedlungen. Dort haben sie nach Unterschutzstellung aller Singvögel, wozu sie gehören, deutlich im Bestand zugenommen, der aber jetzt weitgehend stabil ist.

Nebelkrähe Diese nahe verwandte Art der Rabenkrähe mit der nebelgrauen Körperfärbung ersetzt Letztere in Nordostdeutschland, das sie mit rund 50 000 Brutpaaren besiedelt. Zwischen ihnen und dem Verbreitungsgebiet der Rabenkrähe im übrigen Deutschland erstreckt sich eine etwa hundert Kilometer breite Durchmischungs- und Hybridisierungszone, in der sich beide Arten miteinander verpaaren können.

Rabenkrähe Dieser rabenschwarze Vogel, daher der Name, ist die allgemein bekannte Krähe schlechthin. Sie bewohnt mit Ausnahme des Siedlungsgebietes der Nebelkrähe (siehe oben) im Nordosten nahezu unser ganzes Land. Mit dem Vollschutz der Singvögel – zu denen sie gehört – ist sie auch verstärkt in unsere Siedlungen vorgerückt und ist dort als »Nesträuber« ähnlich wie die Elster nicht immer beliebt. Mit reichlich einer halben Million Brutpaaren hat sich ihr Bestand weitgehend stabilisiert.

Eichelhäher Mit rund einer halben Million Brutpaaren weist dieser schmucke Rabenvogel bei uns recht stabile Bestände auf. Wenn auch zumeist an Wald gebunden, rückt er inzwischen vielerorts in Städte vor, wo er Parks, Friedhöfe u. Ä. besiedelt. Im Herbst bevorzugt der Allesfresser Nüsse und Eicheln, die er auch als Wintervorrat im Boden vergräbt. Damit trägt er wesentlich zur Verbreitung unserer Eichen bei, was ihm auch seinen Namen einbrachte.

> **Amsel** Heute kaum noch vorstellbar, dass die Schwarzdrossel, die mit ihrem laut flötenden Gesang bis ins Innerste der Städte den Frühling ankündigt, erst ab dem 19. Jahrhundert als einst scheuer Waldbewohner in unsere Siedlungen einwanderte. Heute kennt sie fast jedermann. Mit ihrer Verstädterung ging eine enorme Bestandszunahme einher, die sie mit über zehn Millionen Paaren zu unserer wohl häufigsten Vogelart machte. Jetzt aber erfährt sie wieder Bestandsabnahme, vor allem durch den Usutu-Virus.

Austernfischer Die Auster im Namen dieses Vogels meint allgemein Muscheln, die er mit seinem messerförmig hohen flachen Schnabel gut öffnen kann. Zudem stochert er auch viel im Schlick nach allerlei Gewürm. Er ist ein durch Gestalt, Färbung und vor allem auch schrille Rufe auffallender Charaktervogel unserer Küsten und des nordwestdeutschen Tieflandes mit Schwerpunkt im Bereich Wattenmeer.

Beutelmeise Der Name dieser zu einer eigenen Familie (den Beutelmeisen) gehörenden Art geht auf ihr beutelförmiges Nest zurück, das noch kunstvoller als bei der Schwanzmeise gebaut, meist mit angesetzter Eingangsröhre, und häufig in Ufergehölze, vor allem Weidenbüsche, gehängt wird. Diese relativ seltene Art, mit etwa 3000 Brutpaaren in Deutschland, trifft man am ehesten im nördlichen Teil unseres Landes an.

»Ich wünsche dir
die Fröhlichkeit eines Vogels
im Ebereschenbaum
am Morgen (...)«

ALTIRISCHER SEGENSWUNSCH

Blaumeise Diese kleine Meise ist durch das Blau der Oberseite, vor allem der Kopfplatte, unverwechselbar. Ihr Bestand ist recht stabil, und im Herbst erreichen uns oft Invasionen aus dem Nordosten, sodass ich 2017 zusammen mit Mitarbeitern an einer Futterstelle im Bodenseegebiet an einem einzigen Tag im November 157 Individuen »beringen« konnte. Viele unserer Blaumeisen verlassen im Winter ihre baumbestandenen Brutgebiete und halten sich in Schilfgebieten auf, wo sie aus den Halmen darin überwinternde Insekten heraushacken.

<< **Kohlmeise** Unsere häufigste Meise und einer unserer bekanntesten Vögel überhaupt verdankt ihren Namen dem schwarzen Unterseitenstreifen, der sie wie »angekohlt« erscheinen lässt. Sie bewohnt nahezu alle möglichen Lebensräume außer offenen Landschaften ohne Bäume und Sträucher und benötigt Nisthöhlen. Leider ist auch ihr Bruterfolg inzwischen auch bei uns rückläufig.
Dieser »Goldschatz« sollte eigentlich staatlich gefördert werden: Schon drei Paare können bis zur Hälfte der Schädlinge in einem Hektar Obstplantage vernichten!

Schwanzmeise Die zu einer eigenen Familie gehörende kleine Meise mit zierlichem Schnäbelchen wird im Volksmund aufgrund ihres extrem langen Schwanzes (etwa 8 cm bei 14 cm Gesamtlänge) auch Pfannenstielchen genannt. Sie bewohnt vielerlei Habitate von Mischwäldern bis Parks und Gärten und fällt besonders im Winter auf, wenn sie in Trupps im kahlen Gezweig umherturnt oder Futterstellen besucht.

Tannenmeise Diese einer kleinen Kohlmeise ähnelnde Art ist durch ihren weißen Nackenfleck und fehlenden Bauchstreif unverkennbar. Auch wenn sie wie andere Meisenarten häufig Futterstellen besucht, ist sie doch eng an Nadelbäume gebunden. Dafür genügen aber schon Gruppen oder große Einzelbäume, sodass sie auch in Mischwäldern vorkommt und in Parks vorrückt. In Kurorten u. Ä. kommen futterzahme Tannenmeisen nicht selten bis auf die Hand.

Grünfinken Dieser grüne Finkenvogel hat als ausgeprägter Kulturfolger in ganz Deutschland unsere Siedlungen bezogen und erreicht höchste Dichten in Friedhöfen, Parks und Gärten, bewohnt aber auch Wälder und Baumbestände weitab von unseren Ortschaften. Viele kennen ihn als regelmäßigen Futterstellenbesucher. Zurzeit brüten bei uns mindestens eineinhalb Millionen Brutpaare, aber seit zehn Jahren leidet die Art unter einer Seuche – der Trichomonadose.

<< **Buchfink** Ein Charaktervogel überall da im Lande, wo zumindest ein paar Bäume stehen, wobei er Buchen und deren Samen, die Bucheckern, liebt. Daher auch sein Name und nicht etwa, weil er gern in Büchern liest, wie Heinz Erhardt scherzte. Mit gut sieben Millionen Brutpaaren gehört er zu den wenigen unserer häufigen Arten mit noch stabilem Bestand. Durch sein regelmäßiges Vorkommen auch in fast allen Parks und vielen Hausgärten gehört er neben Amsel, Kohlmeise, Rotkehlchen und »Spatzen« zu den bekanntesten unserer Singvögel.

Buntspecht Der bekannteste der vier Arten unserer schwarz-weiß-roten Spechte, neben Klein-, Mittel- und Weißrückenspecht, der nahezu alle Typen unserer Wälder bewohnt, aber auch Parks und Gärten. Und von allen heimischen Spechtarten besucht er auch am häufigsten regelmäßig Futterstellen, wo er sich gern mit dem Rücken nach unten an Futterspender etwa mit Meisenknödeln hängt. Neben seinen lauten *kick*-Rufen fällt er zur Brutzeit durch sein Trommeln, ein schnelles Hämmern an dürren Ästen oder auch Fernsehantennen, auf.

Dreizehenmöwe Ihr fehlt eine sichtbare Hinterzehe, daher der Name. Als typische Möwe des offenen Meeres und Felsklippenbrüter nistet sie bei uns nur auf Helgoland. Nach ersten dortigen Brutvorkommen bereits im 19. Jahrhundert hat diese gesellig eng zusammen in Kolonien nistende Art inzwischen einen Bestand von reichlich 7000 Brutpaaren erreicht, der sich in nächster Zeit wohl noch vergrößern dürfte.

Eiderente Diese größte europäische Entenart, hauptsächlich nördlich von Deutschland verbreitet und eng ans Meer gebunden, brütet bei uns nur in rund 1000 Paaren im Küstenbereich und ganz überwiegend im Wattenmeer. Berühmt geworden ist die Art für ihre Daunenfedern, die zum Teil in Nistkästen gesammelt werden und hervorragende wärmedämmende Füllungen für Bettzeug und Schlafsäcke abgeben.

< **Kolbenente** Eine unserer farbenprächtigsten Entenarten, die ihren Namen dem beim Männchen durch rostroten Federschmuck kolbenförmigen Kopf verdankt. Sie kommt mit knapp 1000 Brutpaaren vor allem in Süd- und auch in Norddeutschland vor, wo sie vegetationsreiche Gewässer besiedelt. Ihre Hauptnahrung sind Wasserpflanzen, insbesondere Algen, die im Zuge der Klimaerwärmung vielerorts prächtig gedeihen, wovon die Art derzeit profitiert.

Höckerschwan Dieser stolz anmutende große Vogel ist vielen als Zierde von Schlossteichen u. Ä. bekannt, und in der Tat wurden Höckerschwäne seit dem Mittelalter vor allem im Umfeld von Adelshäusern gehalten. Heute besiedeln reichlich 10 000 Brutpaare Binnenseen, Teiche und Flussbereiche in ganz Deutschland, wo sie als Pflanzenfresser, häufig auch durch Zufütterung gutes Auskommen haben. Ihren Namen verdanken sie ihrem typischen Schnabelhöcker.

Stockente Sie ist von den über 20 Wildentenarten, die man in Deutschland beobachten kann, die bekannteste. Ihren Namen bekam sie, weil sie auch auf Bäumen und auf den Stock gesetzten Kopfweiden nistet. Sie kommt mit ihren rund 200 000 Paaren im ganzen Land vor, besiedelt nahezu alle Arten von Gewässern bis zu kleinen Gräben und als ausgeprägter Kulturfolger auch Park- und Gartenteiche, wo sie als Allesfresser von vielerlei Abfällen profitiert. In Städten brütet sie auch auf Balkons.

Eisvogel Noch ist der »Fliegende Edelstein«, wie der Eisvogel treffend genannt wird, mit etwa 10 000 Brutpaaren fast überall in Deutschland anzutreffen. Aber der Mangel an Kleinfischen, vor allem in unseren Fließgewässern, könnte seinen Bruterfolg zukünftig gefährden, ebenso Freizeitaktivitäten im Uferbereich. Übrigens: Dem herrlichen Blau, das glänzt wie Eis oder Eisen, daher der Name, liegt kein Farbstoff zugrunde, es beruht rein auf Lichtbrechung durch spezielle Federstrukturen wie etwa der »blaue Dunst« des Zigarettenrauches.

Fischadler Dieser weltweit verbreitete Fischspezialist ist an größere Stillgewässer, Flüsse oder Meeresküsten gebunden, wo er sich mit den Fängen (Füßen mit langen gebogenen Krallen) voran ins Wasser stürzt, um Fische zu greifen. Im Mittelalter noch weit verbreitet, wurde er als Fischräuber vielerorts ausgerottet. Dank erfolgreicher Schutzmaßnahmen brütet er bei uns wieder mit über 500 Paaren, vor allem in Nordostdeutschland, und wird hoffentlich bald weitere Regionen wieder besiedeln.

Gartengrasmücke Ein mausgrau unscheinbarer Vogel, ohne besondere Abzeichen, lediglich oberseits etwas dunkler, aber einer unserer besten Sänger. Grasmücke macht Sinn mit der Trennung Gra-smücke von Grau und schmiegen und meint so viel wie Grau-Schlüpfer, der sich im Gebüsch verbirgt. Noch ist die Art in Deutschland in Laubgehölzen und Gebüsch überall anzutreffen, zeigt aber in letzter Zeit besorgniserregende Bestandsabnahmen.

> **Flussregenpfeifer** Wie andere Arten der Gattung Regenpfeifer galt auch er als Ankündiger von Regen (Bauernregel), was ebenso wenig falsch oder richtig ist wie etwa der Zusammenhang des »Regenrufes« unseres Buchfinken mit Niederschlag. Da es bei uns häufig regnet, lässt sich das ebenso häufige Rufen immer mit Niederschlag in Verbindung bringen. Flussregenpfeifer brüten noch in etwa 5000 Paaren sehr zerstreut im ganzen Land auf Kiesbänken ursprünglicher Flussläufe, heutzutage auch auf bekiesten Flachdächern, in Kiesgruben und ähnlichen Lebensräumen.

Fichtenkreuzschnabel Zusammen mit zwei weiteren Kreuzschnabelarten einzigartige Nahrungsspezialisten: Mit den sich überkreuzenden Ober- und Unterschnäbeln können sie unter den harten Schuppen von Zapfen von Nadelbäumen (Fichte, Kiefer) Samen hervorholen und verzehren. In Anpassung an die Verfügbarkeit von Koniferensamen brüten die meist farbenprächtigen orangeroten Männchen mit ihren schlichter gefärbten Weibchen im Winterhalbjahr – ebenfalls bei uns einzigartig.

Haubentaucher Dieser größte unserer Lappentaucher, wegen der Hautlappen an den Zehen, die wie Schwimmflossen wirken, bewohnt in ganz Deutschland größere Stillgewässer, Binnenseen, in deren Uferbereichen er Schwimmnester baut. Früher als Fisch-»Räuber« stark verfolgt, bilden die reichlich 20 000 Paare bei uns bei Vollschutz einen recht stabilen Bestand, von verunglückten Vögeln in Fischernetzen abgesehen. Spektakulär ist die Balz der Paare mit aufgestellten Hauben.

Graureiher Früher hieß er Fischreiher, war damit als Fischräuber gebrandmarkt und wurde gnadenlos verfolgt – regional bis an den Rand der Ausrottung. Heutzutage kann er sich als neutral benannter Graureiher wieder erholen und besiedelt mit rund 25 000 Paaren das ganze Land von der Küste bis zu Gewässern der Bergregionen. Als Mäusereiher bezeichnet, da er viele Mäuse fängt, würden ihm vermutlich noch mehr Sympathien zuteil.

< Mäusebussard Dieser bekannteste unserer heimischen Greif- (früher Raub-)vögel bewohnt als typischer Ansitzjäger halboffene Landschaften und lichtere Wälder in ganz Deutschland. Seine Hauptnahrung sind Feldmausarten, mit deren zyklisch auftretenden Häufigkeiten auch seine Bestände schwanken. Nach früheren Zeiten starker Verfolgung als »Räuber« von Niederwild und nach Vollschutz wieder stabilen Beständen bahnen sich jetzt lokal stärkere Rückgänge bedingt durch Windkraftanlagen an.

Sperber Dieser kleine gesperberte »Greifvogel der Sperlinge fängt«, was sein Name bedeutet, ist mit gut 20 000 Brutpaaren in ganz Deutschland verbreitet und hat sich nach starken Bestandseinbrüchen durch Verfolgung und Umweltgifte (vor allem DDT) erfreulicherweise im Bestand wieder erholt und stabilisiert. Er jagt hauptsächlich Kleinvögel, häufig auch an Futterstellen, wo er vor allem kranke und geschwächte Vögel erbeutet, was der Gesunderhaltung von Singvogelbeständen dienlich ist.

Steinadler Dieser im Gegensatz zum noch größeren Seeadler mehr schnittige und fluggewandte große Greifvogel ist unser Adler schlechthin. Sein Beiname Stein kennzeichnet ihn als Gebirgsvogel. Die rund 40 heute noch bei uns brütenden Paare leben ausschließlich in den Bayerischen Alpen – seine früheren Vorkommen in Mittelgebirgen und im Tiefland bis zur Ostsee wurden allesamt ausgerottet. Die heutige Restpopulation hält sich durch Zuzug bislang stabil.

>> **Habicht** Dieser herrliche Greifvogel (»Greifer«, was sein Name bedeutet) hieß früher Hühnerhabicht, war damit zum Hühnerdieb abgestempelt und wurde erbarmungslos verfolgt. Später litt er zudem stark unter Vergiftung, vor allem durch das inzwischen verbotene DDT. Seit den 1970er Jahren konnte sich der vor allem auch Krähen, Eichelhäher und Wildtauben erbeutende »Ansitzjäger« im Bestand wieder gut erholen, allerdings auf nur etwa 10 000 Brutpaare im ganzen Land.

Hausrotschwanz Im Gegensatz zum Gartenrotschwanz weist der Hausrotschwanz bei uns recht stabile Bestände auf und hat im Zuge der starken Erweiterung unserer Siedlungen teilweise sogar zugenommen. Als ehemaliger Feldbrüter findet er nämlich in den »Steinhaufen« unserer Ortschaften günstige Nistplätze und ist mit seinem breiteren Nahrungsspektrum und als Teilzieher weniger Gefahren ausgesetzt als seine verwandte Art. Kennern fällt er vor allem dadurch auf, dass er frühmorgens als Erster zu singen beginnt.

Nachtigall Zwar singen und rufen viele unserer tagaktiven Vögel vor allem zur Brutzeit auch nachts, Rohr-, Laubsänger, Rotkehlchen u. a., aber die Nachtigall fällt als sehr lauter, oft innerhalb unserer Siedlungen nistender Nachtsänger besonders auf. Durch ihre schluchzenden Strophen wurde sie zum Idol romantischer Dichtung, was aber unsere Vorfahren nicht davon abhielt, sie in Mengen zu verzehren. Sie bevorzugt vor allem tiefere Lagen besonders in Nordostdeutschland und weist recht stabile, zum Teil sogar zunehmende Bestände auf.

>> **Rotkehlchen** Dieser nach Umfragen heimliche Nationalvogel vieler unserer Bürger hat sich mit seinen reichlich drei Millionen Brutpaaren überall im Land über viele Jahrzehnte erstaunlich stabil gehalten. Dazu verhilft dem zierlichen Vogel, dass er eine Vielzahl von Biotopen von Bergwäldern bis in kleinste Gärten im Inneren unserer Großstädte besiedelt und auch als extremer Allesfresser meist ausreichend Nahrung findet – von Insekten über Sämereien bis zu kleinen Fischen und Aas.

Kleiber Diese zu einer eigenen Familie gehörende Art, auch Spechtmeise genannt, verdankt ihren Namen der früheren Berufsbezeichnung für Lehmhandwerker – und das zu Recht: Kleiber verengen zu große Öffnungen an für sie geeigneten Nisthöhlen mit Speichel vermischtem Lehm, den sie festhämmern. Zum Glück weist die Art, die an Baumstämmen kopfüber herunter zu klettern vermag, seit Langem recht stabile Bestände auf. Ähnlich an Stämmen kletternd kann man bei uns auch die kleineren braunen Baumläufer beobachten (Siehe S. 223).

Heckenbraunelle Dieser recht unauffällige »Braunvogel«, der an Sperlinge erinnert, daher im Englischen »Heckensperling« genannt, unterscheidet sich von Spatzen vor allem durch seinen dünnen pfriemförmigen Insektenfresserschnabel. Heckenbraunellen bewohnen eine Vielzahl von Biotopen – von Hecken, Wäldern, Parks und Gärten bis in Schilfgebiete. Nach langer Zeit stabilem Bestand zeichnen sich in letzter Zeit regional deutliche Abnahmen ab.

Säbelschnäbler Ein großer schwarz-weißer Watvogel mit eigenartig säbelförmig gebogenem Schnabel, auch beim Jungvogel schon angedeutet, mit dem er im Flachwasser hin- und her»säbelnd« Kleinlebewesen erbeutet. Dieser schmucke Vogel mit laut flötender Stimme nistet bei uns ausschließlich im Küstenbereich von Nord- und Ostsee mit derzeit erfreulich stabiler Population von rund 6000 Brutpaaren.

> Mauerläufer Ein nahezu unbeschreiblich schöner, im Flug an einen großen Prachtfalter erinnernder Vogel, den leider nur die wenigsten Bürger unseres Landes zu Gesicht bekommen. Das Brutvorkommen der rund 100 deutschen Paare ist ganz auf die Bayerischen Alpen beschränkt, wo sie in Felsen, vereinzelt aber auch an Gebäuden nisten. Dort – etwa an Schlössern – ist die Art relativ leicht zu beobachten, ebenso an Überwinterungsplätzen weitab der Berge wie etwa in Steinbrüchen.

> **Sommergoldhähnchen** Diese Art, bei uns als Zugvogel meist nur im Sommerhalbjahr anwesend, und das Wintergoldhähnchen (Teilzieher, häufig auch im Winter bei uns) sind die kleinsten Vögel Deutschlands, mit nur knapp zehn Zentimetern Gesamtlänge und gerade mal etwa fünf Gramm leicht ausgesprochene Winzlinge, wobei erstere mehr Laub-, letztere mehr Nadelwälder bewohnen. Ihren Namen haben sie wegen des farbigen, besonders beim Sommergoldhähnchen-Männchen leuchtend orangeroten Scheitels erhalten, den sie wie einen Hahnenkamm aufstellen können.

< Schafstelze Diese wegen verwandter Arten heute meist Wiesenschafstelze genannte Art kommt zwar nahezu in ganz Deutschland vor, hat aber ihre Hauptverbreitung im Norddeutschen Tiefland, wo sie hauptsächlich Wiesen und Weiden besiedelt, daher auch Viehstelze genannt, da sie gern Weidetiere begleitet, um Insekten zu erhaschen. Nach starken Bestandsschwankungen in den letzten Jahrzehnten und Bestandsabnahmen in jüngster Zeit ist offen, wie weit sich ihre Bestände werden halten können.

Wasseramsel Ein absolutes Unikum unserer Vogelwelt: Ein Singvogel, der an klaren Fließgewässern des Berglandes lebt und dort regelmäßig schwimmt und taucht, um an Köcherfliegenlarven, Flohkrebse u. a. in den Bach- und Flussbetten zu gelangen. Der Vogel mit etwas an Amseln erinnernder Gestalt hat mit seinen derzeit rund 10 000 Brutpaaren sehr von der Verbesserung der Wasserqualität durch Kläranlagen profitiert.

Zaunkönig Nach den Goldhähnchen unsere nächst kleinste Vogelart, die jedoch sehr »selbstbewusst« auftritt, oft aufgerichtet mit gestelztem Schwanz, wie ein kleiner König, und zudem monatelang im Jahr ihren lauten Gesang schmettert. Zaunkönige bewohnen in ganz Deutschland verschiedenste Biotope, vom Röhricht über Gärten bis zum Bergwald, bevorzugen dichte Vegetation, und profitieren zurzeit sehr von zunehmendem Anfall an Reisig und Baumwurzeln in unseren Wäldern durch Sturmschäden und rigorose Forstwirtschaft.

Zilpzalp Dieser kleine bei uns mit gut zweieinhalb Millionen Brutpaaren häufigste Laubsänger konnte im Gegensatz zu Fitis, Wald- und Berglaubsänger seinen Bestand bisher recht stabil halten. Sein Name imitiert seinen Gesang, der abwechselnd wie *zilp* und *zalp* klingt, und sein zweiter Name Weidenlaubsänger kennzeichnet ihn als Vogel, der im Frühjahr häufig an Weidenkätzchen Insekten fängt. Er besiedelt in ganz Deutschland baumbestandene Habitate aller Art.

Turmfalke Dieser bekannteste und häufigste unserer drei Falkenarten war früher Felsbrüter und hat als Kulturfolger viele unserer Gebäude wie Kirchtürme, Schlösser, Brücken, Gittermasten u. a. besiedelt. Mit reichlich 40 000 Brutpaaren kommt er nahezu in ganz Deutschland vor und erbeutet vor allem im Offenland Mäuse, die er sowohl vom Ansitz aus als auch häufig im Rüttelflug (Fliegen auf der Stelle) jagt, was ihm auch den Namen »Rüttelfalke« eingebracht hat.

< **Waldohreule** Wie Uhu, Sumpf- und Zwergohreule besitzt auch sie Federohren, die eigentlich Federhörnchen, wie hochgestellte Ohrmuscheln aussehende herausragende Federn, sind. Als unsere häufigste Ohreule bewohnt sie im ganzen Land im Gegensatz zum Waldkauz neben Wäldern auch halboffene Landschaften mit lichten Baumkronen und Gebüsch und tritt oft gesellig auf. Mit ihren rund 25 000 Brutpaaren ist sie weniger häufig als der Waldkauz, aber derzeit im Bestand recht stabil.

Waldkauz Er ist die bekannteste Eulenart unserer Wälder, die aber seit Langem auch in Parks, Friedhöfe u. Ä. bis in die Zentren unserer Städte eingewandert ist. Ihr für viele schauerlich klingender Ruf, ein gereihtes *hu, hu, huuh* ist vielen Mitbürgern bekannt: Er wird regelmäßig bei gefährlich werdenden Situationen in Krimis eingespielt! Der Waldkauz kommt mit gut 40 000 Paaren in ganz Deutschland vor und konnte seinen Bestand seit Langem stabil halten.

Schleiereule Sie bekam ihren Namen, weil die Befiederung ihres Gesichtes an eine Frau mit Schleier erinnert. Vielen ist die in fast ganz Deutschland verbreitete Art bekannt, da sie als Kulturfolger nicht nur häufig in Kirchtürmen, sondern auch gern in Scheunen, Taubenschlägen und Nistkästen brütet. Als Mäusejägerin erfährt sie bei längeren Schneelagen oft schwere Verluste, die sie aber in guten Mäusejahren durch hohe Bruterfolge wieder ausgleichen kann.

STEIGFLUG

GEGENWÄRTIG AUF DEM VORMARSCH

↗

Bartmeise • Basstölpel • Bienenfresser • Eissturmvogel • Graugans • Halsbandsittich • Kolkrabe • Kormoran • Kranich • Nandu • Nilgans • Ringeltaube • Rosa Flamingo • Rostgans • Seeadler • Silbermöwe • Silberreiher • Sturmmöwe • Uhu • Wanderfalke

Da sie zur Kategorie der Vogelarten gehören, die sich nach und nach vermehren, haben die Kraniche allen Grund zu tanzen.

STEIGFLUG

Gegenwärtig auf dem Vormarsch

Endlich ein erfreuliches Kapitel! In der hier behandelten Kategorie habe ich in meiner kritischen Übersicht für Deutschland (Berthold 2017) 73 Arten aufgelistet, von denen anschließend 20 näher in Bild und Text dargestellt werden. Sie lassen sich drei Hauptgruppen zuordnen. Das sind erstens Arten, die bei uns alteingesessen sind, früher teils weit verbreitet und häufig waren, dann aber erheblich unter menschlichen Einflüssen zu leiden hatten und nun in den letzten Jahrzehnten deutliche Bestandserholung zeigen. Dazu gehören Graugans, Kolbenente, Kolkrabe, Kormoran, Kranich, Rabenkrähe, Schnatterente, Seeadler, Uhu und Wanderfalke. Ein Teil dieser Arten profitiert auch beträchtlich von unserer Überflussgesellschaft (z. B. von Abfällen, wie auch unsere Stadttauben). Dann gibt es zweitens unter den reichlich 20 Arten, die sich im Zuge der Klimaerwärmung von Süden her zu uns ausbreiten oder auch infolge von Arealerweiterung vom Osten aus, eine ganze Reihe, die inzwischen regelmäßig und zunehmend in Deutschland brüten wie z.B. Alpensegler, Bartmeise, Bienenfresser, Felsenschwalbe, Orpheusspötter, Mittelmeermöwe, Reiherente und Schwarzkehlchen oder die vermehrt bei uns auftreten wie etwa Silber- und Seidenreiher. Und drittens brüten bei uns inzwischen reichlich 20 Arten sogenannter »Neubürger« (Neozoen) – das sind exotische, entweder aus Gefangenschaft entwichene oder absichtlich freigelassene (»eingebürgerte«) Arten. Dazu zählen etwa Alexander- und Halsbandsittich, Braut- und Mandarinente, Gelbstirnamazone, Kanada-, Nil-, Rost-, Schnee- und Streifengans, Nandu und Rosaflamingo. Diese längst nicht von allen Naturschützern willkommen geheißenen Neulinge bereichern natürlich unsere Vogelwelt, können aber bislang die enormen Verluste, die unsere einheimischen Vögel seit 1800 erlitten haben, keinesfalls ausgleichen, sondern wirken eher wie interessante Farbtupfer am Vogelhimmel. Zählt man nämlich die Individuen aller rund 20 bei uns brütenden Neubürger-Vogelarten zusammen, beläuft sich ihre Summe (ohne den Jagdfasan) gerade mal auf rund 25000 (Berthold 2017). Und wenn dabei manche sogar von Gefahren für einheimische Arten sprechen, ist das nahezu Geschrei um Nichts.

Der **Basstölpel** ist auf Helgoland Koloniebrüter mit zunehmenden Bestand.

Bienenfresser Ein Geschenk des Himmels! Im Zuge der Klimaerwärmung rückt dieser exotisch farbenprächtige Vogel aus dem Mittelmeerraum zu uns vor, und sein Bestand ist seit 1990 von wenigen Brutpaaren auf inzwischen über 1500 angewachsen. Auch wenn seine Verbreitungsschwerpunkte im Südwesten und in Mitteldeutschland liegen, kann man ihn umherstreifend im ganzen Land begegnen. Und Imker brauchen sich nicht zu sorgen: Er fängt vor allem Libellen!

Bartmeise Erst seit Mitte des 20. Jahrhunderts besiedelt diese farbenprächtige Art der Papageimeisen mit den typischen Bartstreifen beim Männchen größere Schilfgebiete, überwiegend in Norddeutschland, aber die Art brütet auch im Süden. Bartmeisen sind Nahrungsspezialisten, die sich im Winter überwiegend von Schilfsamen ernähren, auf deren Härte sich ihr Magen jahreszeitlich speziell einstellt.

Eissturmvogel Der Name dieses nordischen Hochseevogels bedeutet so viel wie »eisiger Kälte und Sturm trotzend«, und in der Tat ist dieser zu den Röhrennasen, wegen des Nasenaufbaus, gehörende Meeresvogel nur zur Brutzeit an Land anzutreffen. Bei uns brütet er ausschließlich auf Helgoland, ist dort Neubürger seit 1972, und hat sich inzwischen bei uns in Deutschland mit rund 100 Brutpaaren gut etabliert.

> **Basstölpel** Dieser »Tölpel«, der erste Name aus der Seemannssprache: wenig Fluchtdistanz, leicht zu erbeuten und der zweite nach seinem Vorkommen auf der schottischen Insel Bass Rock, brütet bei uns auf Helgoland seit 1991, wo er vom Beifang der Fischer profitiert. Inzwischen ist sein Bestand auf über 400 Brutpaare angewachsen. Spektakulär ist das sogenannte Stoßtauchen der Tölpel: ein pfeilartiges kopfüber Fallenlassen aus zum Teil großer Höhe ins Meer zum Beutefang.

Graugans Diese bekannteste Art unserer Wildgänse besiedelt vor allem Norddeutschland mit seinen vielen Gewässern und seit den 1950er Jahren auch Bayern und Baden-Württemberg, wo diese »Konrad-Lorenz-Gans« infolge Freiflugs vieler Versuchsvögel des Verhaltensforschers und auch nach Ausbürgerung neue Populationen aufbaut. Graugänse nehmen überall bei uns im Bestand zu – sie profitieren von Schutzmaßnahmen, starkem Aufwuchs auf überdüngten Feldern und der Klimaerwärmung.

> **Rostgans** Diese wunderschöne »Halbgans«, wegen ihrer Größe zwischen Enten- und großen Gänsearten, kam schon im Mittelalter in Mitteleuropa vor und breitet sich nun seit den 1960er Jahren wieder in Deutschland aus. Im Gegensatz zur Nilgans besiedeln inzwischen 200 Brutpaare vor allem den Süden und Westen. Rostgänse nisten in Höhlen aller Art von Kaninchenbauen bis in Türme von Kirchen und Schlössern und lassen sich auch gut in Nistkästen ansiedeln.

< Nilgans Bei uns ein echter Neubürger, ursprünglich aus Afrika stammend, daher ihr Name, breitet sich die Nilgans bei uns seit den 1980er Jahren mit rasanter Geschwindigkeit von Holland kommend aus und ist bereits bis Süddeutschland vorgedrungen. Die inzwischen über 5000 Paare dürften sich schnell weiter vermehren und die sehr durchsetzungsfähige Art bald allgegenwärtig werden lassen.

Halsbandsittich Was für ein Schmuckstück in deutschen Landen: wildlebende exotische Sittiche, also Papageien, die bei uns brüten! Seit dem ersten Brutnachweis in Köln 1969 (von Gefangenschaftsflüchtlingen oder ausgesetzten Vögeln) hat sich die Art inzwischen mit etwa 1500 Brutpaaren in drei Regionen am Rhein angesiedelt (Niederrhein bis Rhein-Neckar-Region), wo sie vor allem Stadtparks mit Baumhöhlen bewohnt. Im Zuge der Klimaerwärmung ist zu erwarten, dass die Sittiche bei uns viele weitere Gebiete besiedeln werden.

Kranich Dank umfangreicher Schutzmaßnahmen kann sich dieser prächtige Großvogel, der einer eigenen Familie angehört, nach langer Zeit direkter Verfolgung und Biotopzerstörung (von Bruchwäldern und Mooren, wo er brütet) zunehmend im Bestand erholen. Unsere inzwischen wieder gut 7000 Brutpaare profitieren bei uns u. a. vom Maisanbau und auch im Winterquartier (vor allem Spanien) von europaweitem Vogelschutz.

> **Kolkrabe** Unser größter Krähenvogel, sagenumwobener Begleiter alemannischer Götter wie Wotan oder Odin, der seinen Namen den tiefen Rufen wie *rab* oder *kolk* verdankt. Er wurde bis nach dem Zweiten Weltkrieg gnadenlos verfolgt vor allem als Niederwild-»Räuber« (von Hasen, Fasanen, Rebhühnern). Heute hat sich sein Bestand auf gut 15 000 Brutpaare erholt, und er profitiert mit Bestandszunahme vor allem in Nordostdeutschland von vielerlei Abfallprodukten unserer Wohlstandsgesellschaft.

< Kormoran Dieser zu den Ruderfüßern (Pelikanartigen) gehörende »Seerabe«, der sich als hervorragender Taucher von Fischen ernährt, gehört heute noch zu den verhassten Gestalten unserer »gefiederten Freunde« und wird irrtümlich für den Rückgang der Felchen im Bodensee verantwortlich gemacht. Dank weitgehenden Schutzes ist ihm Ausrottung erspart geblieben, und zurzeit nehmen seine Bestände wieder zu, vor allem im Norddeutschen Tiefland.

Seeadler Dieser größte einheimische Adler mit majestätischer Gestalt, kräftigem Schnabel, extrem starken Fängen und gewaltiger Flügelspanne von bis zu zweieinhalb Metern macht eine der erfreulichsten Entwicklungen in unserer Vogelwelt durch. Nach dramatischen Bestandseinbrüchen und Arealverlusten durch Verfolgung, Umweltgifte u. a. war die Art extrem bedroht und nimmt nun seit den 1980er Jahren dank intensiver Schutzmaßnahmen vor allem in Nordostdeutschland wieder deutlich zu auf inzwischen bereits über 600 Paare.

Nandu Man muss sicher zweimal hinschauen, um seinen Augen zu trauen, wenn man in Schleswig-Holstein oder Mecklenburg-Vorpommern diese Pampa-Strauße in freier Natur sieht, die auf Gefangenschaftsflüchtlinge zurückgehen. Vor den bei dieser Art brütenden und Junge führenden Männchen sollte man sich hüten, sie können sehr aggressiv sein, wie etwa der Tierfilmer Andreas Kieling mit seinem Hund Cleo bei seiner Wanderung auf dem »Grünen Band« schmerzhaft erfahren musste.

Flamingo Der europäische »Flammrote Purpurflügel«, oft auch Rosaflamingo genannt, brütet mit 2-3 Paaren zusammen mit einigen Paaren von Chile- und Kubaflamingos seit 1982 nun auch bei uns in Deutschland, und zwar ausschließlich im Naturschutzgebiet Zwillbrocker Venn in Nordrhein-Westfalen. Im Zuge der Klimaerwärmung könnten sich diese farbenprächtigen »Exoten« auch in weiteren Regionen unseres Landes ansiedeln.

Ringeltaube Ein Lichtblick in der Taubenfamilie! Während die Turteltaube dramatisch und die Türkentaube stark im Bestand abnehmen und die Hohltaube recht selten ist, gehört die Ringeltaube, mit ihrem wie weiß geringelt aussehenden Hals, mit über zweieinhalb Millionen Brutpaaren zu unseren häufigsten größeren Vogelarten. Sie profitiert von der intensiven florierenden Landwirtschaft (Getreide, Kohl), ihrer zunehmenden Verstädterung und abnehmendem Zugverhalten.

Silbermöwe Sie ist die Großmöwe unserer Küstenbereiche mit silbrig wirkender grauer Oberseite, die an Größe von den bei uns brütenden Möwen nur von der Mantelmöwe (wegen ihres schwarzen Rückens und der schwarzen Flügel) übertroffen wird. Ihr Brutgebiet reicht von den Küsten entlang der großen Flüsse und Binnengewässergebiete bis zur Mitte Deutschlands, wo die von Süden einwandernde nahe verwandte Mittelmeermöwe als Neubürger an sie heranrückt. Ihr Bestand ist nach starken Schwankungen und Anstiegen zurzeit stabil bis leicht abnehmend.

Sturmmöwe Eine Möwe, die in stürmischen Winden fliegt, was viele andere Möwenarten auch tun, aber sie erhielt den entsprechenden Namen. Diese mittelgroße Möwe ist bei uns mit rund 25 000 Brutpaaren hauptsächlich im Küstenbereich von Nord- und Ostsee verbreitet, brütet aber auch im mittleren Deutschland und ist im Winter bis in den Süden anzutreffen. Dank nachhaltiger Schutzmaßnahmen konnten sich die Bestände der zeitweilig stark bedrängten Art wieder gut erholen.

> **Silberreiher** Dieser graureihergroße schneeweiße Reiher, dessen Schmuckfedern früher für Damenhüte zu hohen Preisen gehandelt wurden, ist ein jüngster Neubürger bei uns: Er brütet nun endlich seit knapp zehn Jahren in Mecklenburg-Vorpommern in gut 10 Paaren, nachdem er seit Jahrzehnten in ständig zunehmender Zahl bei uns umherstreifend und überwinternd anzutreffen ist. Wenn die derzeitige Entwicklung anhält, wird er sich wohl im ganzen Land in größeren Schilfgebieten als Brutvogel ansiedeln.

Uhu Ein weiterer seltener Lichtblick am eher düsteren Himmel unserer Vogelwelt. Die größte europäische Eule, fast einen dreiviertel Meter lang und lautmalerisch nach ihrem Ruf benannt, kam kurz vor dem Zweiten Weltkrieg nach starker Verfolgung nur noch in rund 50 Paaren bei uns vor. Heute ist ihr Bestand nach strengem Schutz und Stützmaßnahmen wieder auf über 2000 Paare angewachsen, brütet wieder im ganzen Land, auch in Städten, und macht sich beliebt durch Jagd auf Krähen und Ratten.

>> **Wanderfalke** Dieser Kosmopolit, der fast in der ganzen Welt umherwandert, erlebt in Deutschland eine großartige Erfolgsgeschichte. Wegen intensiver Verfolgung durch Jäger, Taubenzüchter u. a. sowie infolge von Umweltgiften (vor allem DDT) stand er in bei uns in den 1970er Jahren kurz vor der Ausrottung. Durch intensive Schutzmaßnahmen, vor allem durch eine Wanderfalkenschutzgemeinschaft, und Ausbürgerung gezüchteter Vögel konnte der Bestand derzeit wieder auf rund 1000 Paare angehoben werden, der sich nun stabilisiert.

HART AM ABGRUND

Düsterer Ausblick mit letztem Hoffnungsschimmer

Mit jedem wildlebenden Tier und jeder Pflanze, die wir vernichten, zerstören wir ein kleines, aber wichtiges Getriebeteil an Biodiversität, die das für uns überlebensnotwendige Ökosystem der Erde funktionstüchtig erhält. Gehen mehr und mehr dieser Teile verloren, wird das System instabil, und unsere Überlebenschancen schwinden durch zunehmende Verluste der Lebensgrundlagen wie ausreichend sauberes Trinkwasser, genügend, nicht von übermäßig vielen Schädlingen bedrohte Lebensmittel, hinreichend nachwachsende Rohstoffe wie Holz und anderes mehr. Kaum nötig zu sagen, dass die in diesem Buch dargestellte nahezu ungebremste Zerwirtschaftung unserer Vogelwelt beispielhaft zeigt: Wir sind nahe daran, unsere Überlebensversicherung, ein dynamisch-stabiles Ökosystem, ungezügelter Hab- und Raffgier zu opfern. Unsere derzeitige Position ist höchst aufregend: Wir stehen hart am Abgrund, könnten aber noch umkehren und unsere Situation wieder deutlich verbessern. Mit Maßnahmen wie »Jeder Gemeinde ihr Biotop« (Berthold 2017) lassen sich in durch Renaturierung geschaffenen Oasen aus Menschenhand artenreiche Tier- und Pflanzenbestände zügig wieder aufbauen – noch hat unser Land die Kraft zur Regenerierung. Aber dafür ist Soforthilfe vonnöten. Bereits in 10, 20 weiteren Jahren könnte es zur Rettung von ausreichend hoher Artenvielfalt zu spät sein. Damit ist auch klar, dass wir zur Sicherung unserer Überlebensgrundlagen nicht auf Hilfe »von oben« warten können. Dafür ist selbst Handanlegen gefragt, am besten ab morgen, und wie das erfolgreich praktiziert werden kann, haben wir außer im oben genannten Buch in unserem Ratgeber »Vögel füttern – aber richtig« ausführlich dargestellt.

Trottellumme Was für ein Name für einen schmucken Vogel! Aber er bedeutet so viel wie dummer Tauchvogel und das wegen der geringen Scheu der Art Menschen gegenüber (wie beim Basstölpel, siehe oben). Die zu den Alken gehörende Art nistet mit reichlich 2000 Brutpaaren zusammen mit wenigen Paaren des nahe verwandten Tordalks ausschließlich auf Helgoland, vor allem im Naturschutzgebiet Lummenfelsen, wo sich der Bestand nach strengem Schutz positiv entwickelt.

>> Die **Eiderente** hat nur eine kleine Population an der Nordsee. Reichlich mehr Brutpaare leben an der arktischen Küste des Atlantiks und des Pazifiks.

REGISTER – VOGELARTEN AUF EINEN BLICK

Gartenbaumläufer Er und der nahe verwandte Waldbaumläufer suchen Nahrung an Baumstämmen, die sie stets unten anfliegen und dann hinauf klettern. Beide Arten weisen bei uns seit langem recht stabile Bestände auf. Mögen sie Sinnbild sein für das, was wir uns für unsere Vogelwelt insgesamt erhoffen: Auch nach für viele Arten inzwischen Start an Tiefpunkten ein stetiges Aufwärts, Kopf voran. Zu einem derartig neuen Aufschwung kann jeder von uns beitragen!

Alle **Abbildungen** des Innenteils und des Umschlags stammen von Konrad Wothe, außer:

Lea Goldmann: S. 2/3.
Fotolia: 221 (M. Berg).
Lookphotos: 21, 40 u., 86 l., 87, 100, 113, 117 l., 136, 170 (Minden Pictures), 134 (ClickAlps), 135, 157 (age fotostock), 159 u. (Avalon), 190 (robertharding), 203 (age fotostock).
Mauritius: 14 o. (Volz), 14 u. (T. and P. Gardner), 30 u. (R. Tidman), 37 u. (Schaef), 39 (tbkmedia.de), 49 r. (I. Schulz), 58 (United Archives), 59 o. (P. Sawer), 71 l. (Minden Pictures), 124 u. (D. Usher).
Okapia: S. 4/5, 167 (C. Naumann), 15 (ImportAutoFiles), 16/17, 22/23, 29, 62, 65 o., 106/107, 137, 156, 163, 208 u., Umschlagrückseite o.l. (M. Schäf), 19, 26 r., 28, 32/33 (Imagebroker), 38, 43 u., 45 u. (ARDEA), 40 o., 89 u., 115, 120, 138, 208 o. (T. Hinsche), 41 (A. Murphy), 42 o.l., 42/43 o. (I. Kuzmin), 44 o. (W. Wisniewski), 49 l., 64 o., 69, 71 r., 78 u.r., 164 l., 166, 176 u., 184 u. (R. Martin), 52 l., 140/141 (F. Desmette), 53 u.r. (E. Kuchling), 54 (M. Schuyl), 59 u. (J. Zimmermann), 60 (A. Floreth), 61, 165 u. (M. Lane), 63, 97 r. (H. Lang), 66 (W. Rolfes), 67, 201 (F. Adam), 68 (A. Volz), 72, 112 (H. Jegen), 73 (C. Ruoso), 76 u.l. (H. Hut), 79 o. (R. Nussbaumer), 80, Umschlagrückseite o.r. (A. Simon), 84/85 (D. Halleux), 86 r. (B. Zoller), 88/89 o., 139, 164 o., 184 o. (V. Lautenbach), 90, 128 o., 151 (S. Huwiler), 91 (H. Pieper), 92 l. (I. Arndt), 96 (Dr. M. Woike), 98 u., 125 (D. Chapman), 99, 133, 145, 171 (F. Derer), 104, 215 (A. Trunk), 105 (A.& A. Trunk), 114 (W. Martin), 116 (D. Gest), 117 r., 118/119, 211 u., 223 (C. Hütter), 121, 131 (M. Demmel), 124 o. (S. Litten), 126 (M. Walch), 128 u., 146 (B. Bevan), 147 (C. Romeiks), 155 (C. Ruisz), 158/159 u. (M. König), 162 (G. Ridsdale), 164 r. (B. Webbink), 165 o. (Imagebroker), 168 (A. & S. Toon), 174/175 (J. & C. Sohns), 172 (B. Zoller), 173 (M. König), 180 (F. Adam), 182 r. (C. Romeiks), 183 (C. Sidamon-Pesson), 187 (A. Nothegger), 188 (R. Müller), 188/189 (M. Siebert), 191 (M. Bosch), 192 (M. Watson), 198 (M. Vollborn), 200 l. (C. Ruisz), 204 u. (K. G. Vock), 205 (A. Singh), 207 o. (M. Graben), 209, 214 l. (M. Watson), 211 o. (E. Bömsch), 217 (J. C. Munoz), 218/219 (D. Kilbey), Umschlagrückseite u.l. (A. & S. Toon).
Shutterstock: 1 (V. Tyakht), 20 (J. Giraldo Gutierrez), 37 o. (M. Mecnarowski), 42 u. (Wang LiQiang), 50/51 (Nature Bird Photography), 88 u.l. (P. Krzeslak), 95 u. (P. Broadbent), 98 o. (ArvydasS), 101, 102 (Zoonar), 130 (M. Perkowski), 177 (Wildlife World), 193 (A. Kaewkhammul),197 (J. Hrebicek), 213 (c. r. varndell), 216 (O. Prosicky).

Prof. Dr. Peter Berthold ist ein seit vielen Jahren international renommierter und bekannter Ornitologe und Verhaltensforscher. Er lehrte an der Universität Konstanz, leitete die Vogelwarte Radolfzell (Max-Planck-Institut für Ornithologie) und veröffentlichte eine Vielzahl von Magazinbeiträgen und auch einige Standardwerke über Vögel in Europa.

Der Naturfotograf und Tierfilmer **Konrad Wothe** setzt seine Schwerpunkte in Dokumentationen über frei lebende Tiere in ihrer natürlichen Umgebung. Für Bildveröffentlichungen und Tierfilme erhielt er bereits zahlreiche Auszeichnungen.
www.konrad-wothe.de

WEITERFÜHRENDE LITERATUR:

Berthold, P.: *Mein Leben für die Vögel und meine 60 Jahre mit der Vogelwarte Radolfzell.*
Kosmos, Stuttgart, 2016
Berthold, P.: *Unsere Vögel. Warum wir sie brauchen und wie wir sie schützen können – Jeder Gemeinde ihr Biotop.*
Ullstein, Berlin, 2017
Berthold, P. & Mohr, G.: *Vögel füttern – aber richtig.*
4. Auflage, Kosmos, Stuttgart, 2017
Gedeon, K. et al.: *Atlas Deutscher Brutvogelarten.*
DDA, Münster, 2014
Grüneberg, C. et al. *Rote Liste der Brutvögel Deutschlands.*
Ber. Vogelschutz 52, 2015
Wember, V.: *Die Namen der Vögel Europas.*
Aula, Wiebelsheim, 2007
Wolters, H. E.: *Die Vogelarten der Erde.*
Parey, Hamburg, Berlin, 1975-1982

IMPRESSUM

Verantwortlich: Joachim Hellmuth, Isabel Weis
Redaktion und Korrektorat: Björn Eenboom
Layout & Satz: Ileana Soana
Repro: LUDWIG:media
Umschlaggestaltung: Helene Avtuschko
Herstellung: Bettina Schippel, Alexander Knoll
Printed in Italy by Printer Trento

★★★★★

Sind Sie mit diesem Titel zufrieden? Dann würden wir uns über Ihre Weiterempfehlung freuen.
Erzählen Sie es im Freundeskreis, berichten Sie Ihrem Buchhändler, oder bewerten Sie beim Onlinekauf. Und wenn Sie Kritik, Korrekturen, Aktualisierungen haben, freuen wir uns über Ihre Nachricht an Bruckmann Verlag, Postfach 40 02 09, D-80702 München oder per E-Mail an lektorat@verlagshaus.de.

Unser komplettes Programm finden Sie unter

www.frederking-thaler.de

Alle Angaben dieses Werkes wurden vom Autor sorgfältig recherchiert und auf den neuesten Stand gebracht sowie vom Verlag geprüft. Für die Richtigkeit der Angaben kann jedoch keine Haftung übernommen werden, weshalb die Nutzung auf eigene Gefahr erfolgt. Insbesondere bei GPS-Daten können Abweichungen nicht ausgeschlossen werden. Sollte dieses Werk Links auf Webseiten Dritter enthalten, so machen wir uns die Inhalte nicht zu eigen und übernehmen für die Inhalte keine Haftung.

Textnachweis: Alle Texte stammen von Prof. Dr. Peter Berthold.

Alle **Abbildungen** des Innenteils und des Umschlags stammen von Konrad Wothe, außer den auf Seite 223 genannten Urhebern.

Die Deutsche Nationalbibliothek verzeichnet diese Publikation in der Deutschen Nationalbibliografie; detaillierte bibliografische Daten sind im Internet über http://dnb.d-nb.de abrufbar.

ISBN 978-3-95416-273-4